突 破 认 知 的 边 界

人情通透

尹蕊 ◎ 著

光明日报出版社

图书在版编目（CIP）数据

人情通透 / 尹蕊著 . -- 北京：光明日报出版社，2024.5
ISBN 978-7-5194-7973-2

Ⅰ. ①人… Ⅱ. ①尹… Ⅲ. ①人生哲学—通俗读物
Ⅳ. ① B821-49

中国国家版本馆 CIP 数据核字 (2024) 第 105407 号

人情通透
RENQING TONGTOU

著　　者：尹　蕊	
责任编辑：孙　展	责任校对：徐　蔚
特约编辑：胡　峰　孙美婷	责任印制：曹　诤
封面设计：仙境设计	

出版发行：光明日报出版社
地　　址：北京市西城区永安路 106 号，100050
电　　话：010-63169890（咨询），010-63131930（邮购）
传　　真：010-63131930
网　　址：http://book.gmw.cn
E - mail：gmrbcbs@gmw.cn
法律顾问：北京市兰台律师事务所龚柳方律师
印　　刷：河北文扬印刷有限公司
装　　订：河北文扬印刷有限公司
本书如有破损、缺页、装订错误，请与本社联系调换，电话：010-63131930
开　　本：170mm×240mm　　　印　张：16
字　　数：180 千字
版　　次：2024 年 5 月第 1 版
印　　次：2024 年 5 月第 1 次印刷
书　　号：ISBN 978-7-5194-7973-2
定　　价：58.00 元

版权所有　翻印必究

目录 CONTENTS

第一章
所谓江湖，就是懂得人情世故

第一节　独脚难行，孤掌难鸣 / 002

第二节　捕鱼先织网，搭桥先打桩 / 005

第三节　自己走百步，不如贵人扶一步 / 008

第四节　鸟随鸾凤飞腾远，人伴贤良品自高 / 010

第五节　活得通透的人，都懂得借力 / 013

第六节　用好中间人，路才会越走越宽 / 016

第七节　万事都具备，东风自然至 / 018

第二章
人情通透的人，都懂得藏拙

第一节　地低成海，人低成王 / 022

第二节　木秀于林，风必摧之 / 025

第三节　难得糊涂是一门学问 / 027

第四节　才高而不自诩，位高而不自傲 / 030

第五节　懂得藏拙的人，都是深谙人性的高手 / 033

第六节　真正聪明的人，从不把优越感写在脸上 / 035

第七节　特别爱炫耀的人，多半没真本事 / 037

第三章
通透的人，都懂得处世智慧

第一节　物以类聚，人以群分 / 042

第二节　从生活细节中窥见人性 / 044

第三节　圈子不同，不必强融 / 046

第四节　抱怨身处黑暗，不如提灯前行 / 048

第五节　岭深常得蛟龙在，梧高自有凤凰栖 / 051

第六节　车无辕而不行，人无信则不立 / 054

第七节　厉害的人，先从自身找原因 / 057

第四章
吃透处世的底层逻辑，日子过得风生水起

第一节　虚荣作祟难自在，为面子受苦似无辜 / 062

第二节　懂得拒绝，活得不纠结 / 065

第三节　生活要过好，脸皮先变厚 / 068

第四节　聪明的人，拿得起也放得下 / 071

第五节　会哭的孩子有糖吃 / 074

第六节　活得通透的人，懂得接纳自己 / 077

第七节　行有所止，欲有所制 / 080

第五章
懂得避开社交陷阱，才是真正的通透

第一节 不值得深交的几类人 / 084

第二节 表面关系再好，也要时刻提防 / 087

第三节 遭人算计，翻脸不如远离 / 090

第四节 聪明人的"报复"方式 / 093

第五节 城府很深的人，要懂得保持距离 / 096

第六节 不做是非事，不谈是非人 / 099

第七节 处世中的潜规则，看懂才能少走弯路 / 102

第六章
沉默和倾听，才是为人处世的顶级智慧

第一节 闭嘴的鱼，最不容易被鱼钩钩住 / 106

第二节 懂得倾听，是一个人了不起的能力 / 109

第三节 守嘴不惹祸，守心不出错 / 112

第四节 说话是银，沉默是金 / 115

第五节 水深流缓，人贵语迟 / 118

第六节 不视人之短，不言人之过 / 121

第七节 你的情绪，其实与别人无关 / 124

第七章
懂得这样做，处世才游刃有余

第一节　大声说话是本能，小声说话是文明 / 128

第二节　好话不在多说，有理不在高声 / 131

第三节　大度能容，容天下难容之事 / 134

第四节　事不做绝，方能左右逢源 / 137

第五节　做事留一线，日后好相见 / 140

第六节　飘风不终朝，骤雨不终日 / 143

第七节　真正厉害的人，会做自己的摆渡人 / 146

第八章
掌握处世技巧，轻松拿捏世界

第一节　关系再好，有些话也不能说 / 150

第二节　不要指望别人救赎，要让自己强大 / 153

第三节　与其期待别人，不如强大自己 / 156

第四节　穷在闹市无人问，富在深山有远亲 / 159

第五节　最舒服的关系，不讨好也不迁就 / 162

第六节　谁都靠不住，除非你有用 / 164

第七节　低头做事，是为了更好抬头做人 / 167

第九章
任何人际关系，都需要用心经营

第一节　好的关系，不怕麻烦 / 172

第二节　朋友不能远，真心不能丢 / 175

第三节　三观不合，不必凑合 / 178

第四节　卸下伪装，不要做套子里的人 / 181

第五节　把握好分寸，关系更长久 / 184

第六节　靠谱的人，值得深交 / 187

第七节　凡事有交代，事事有回应 / 190

第十章
交际中懂得感恩，人生才能走得更远

第一节　你的好，要给懂得感恩的人 / 194

第二节　人情通透的人，都懂得感恩父母 / 197

第三节　凡事有度，过则为灾 / 200

第四节　投之以桃，报之以李 / 203

第五节　对于不懂感恩的人，该翻脸时就翻脸 / 205

第六节　过河拆桥千夫指，滴水之恩大于天 / 208

第七节　懂得感恩的人，才能走好未来的路 / 211

第十一章
所谓情商高，不过是换位思考

第一节　最高的情商，是懂得换位思考 / 214

第二节　己所不欲，勿施于人 / 216

第三节　将心比心，方得人心 / 219

第四节　横看成岭侧成峰 / 222

第五节　人际交往中，看透悟清不说破 / 224

第六节　不要把自己的脚，伸进别人的鞋里 / 226

第十二章
懂人情世故，才能立于不败之地

第一节　当面夸你的人，未必真心实意 / 230

第二节　背后夸你的人，一定要深交 / 232

第三节　熟人相处莫露富，生人相处莫露穷 / 235

第四节　救急不救穷，帮困不帮懒 / 238

第五节　君子之交淡如水，小人之交甘若醴 / 241

第六节　事以密成，言以泄败 / 243

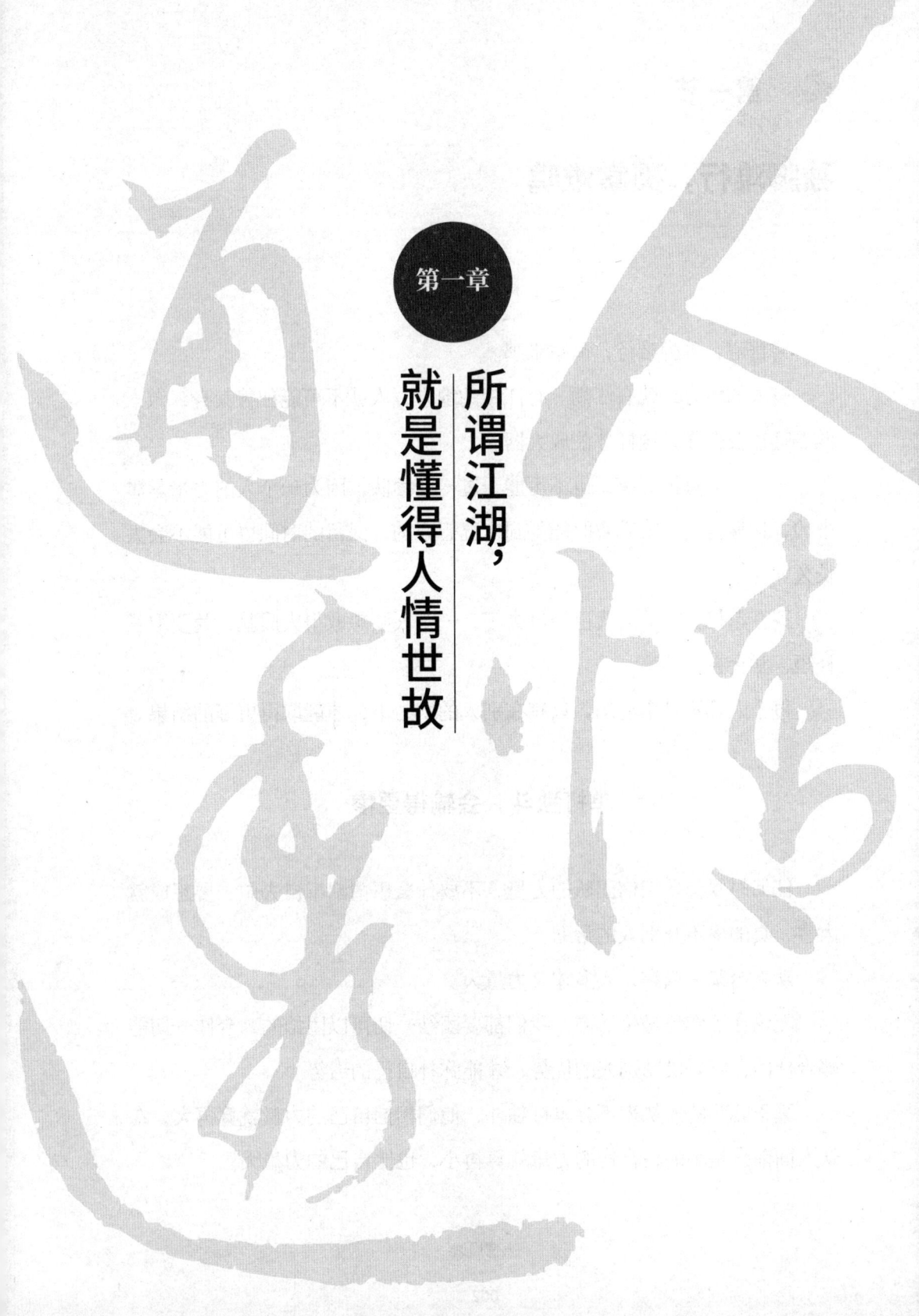

第一章

所谓江湖，就是懂得人情世故

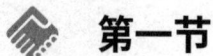 第一节

独脚难行，孤掌难鸣

常言道，独脚难行，孤掌难鸣。

有人的地方，就有江湖。有江湖的地方，人就不可能独善其身，做人做事都需要合作，这样才能成大器。

一个人就算再厉害，也不可能干过一个团队，因为一个人的力量是渺小的，只靠自己，就算暂时能得到自己想要的，保留的时间也可能不会太长久。

现在单打独斗的时代已经过去了，一个人要想取得大成就，就要取长补短，学会合作共赢。

每个人都不是全能的，只有在别人的助力下，才能取得更好的结果。

单打独斗，会输得更惨

任何时候都要相信团队的力量，不要什么事情都亲自去做，要想成就大事，真的离不开别人的帮助。

众人拾柴火焰高，人多才会力量大。

无论在工作还是生活中，我们都要团结一切可以团结的，合作一切能够合作的，好好借助别人的优势，才能弥补自己的劣势。

真正聪明的人从来不会单打独斗，他们相信自己的力量就算再大，在众人面前也是小的；合作的力量就算再小，也比自己的力量大。

比尔·盖茨曾说:"在社会上做事情,如果只是单枪匹马地战斗,不靠集体或团队的力量,是不可能获得真正的成功的。"

现代社会充满竞争,通力合作才会有更多机会,单打独斗只会浪费机会,让自己输得更惨。

没有合作,就没有成功

人人都想取得成功,但未必人人都能取得成功,成功的关键不在于你付出了多少,而在于你是否懂得合作。

成功靠的是天时地利人和,"天时地利"有了,若是没有"人和",那么大概率上也不会有好结果。

我看过这样一个故事,特别有感触。

一日,锁对钥匙埋怨道:"我每天辛辛苦苦为主人看守家门,而主人喜欢的却是你,总是每天把你带在身边。"

钥匙也不满地说:"你每天待在家里,舒舒服服的,多安逸啊!我每天跟着主人,日晒雨淋的,多辛苦啊!"

一次,钥匙也想过一过锁那种安逸的生活,于是把自己偷偷藏了起来。主人出门后回家,不见了开锁的钥匙,气急之下,把锁给砸了,并把锁扔进了垃圾堆里。

主人进屋后,找到了那把钥匙,气愤地说:"锁也砸了,现在留着你还有什么用呢?"说完,把钥匙也扔进了垃圾堆里。

在垃圾堆里相遇的锁和钥匙,不由得感叹起来:"今天我们落得如此可悲的下场,都是因为过去我们在各自的岗位上,没有相互配合啊!"

在这个世界上,没有人是一座孤岛,因此不能单打独斗,当今时代是一个合作的时代,没有合作,自然也就没有成功。

一个人的力量终究是有限的，很多事情只有做到与别人合作才能完成，做不到合作就很难得到想要的结果。

每个人有长处，自然也有短处，这就需要我们用他人之长补自己之短，养成良好的合作习惯，这样才能更好地完善自己，让自己变得更加优秀。

一个人如果忽视合作的价值，缺乏协作精神，无异于自断臂膀，将自己置身于失败的泥沼中无法自拔。

人生苦短，我们一定要意识到合作的重要性，因为只有合作才能共赢，单打独斗只会以失败告终，不是吗？

第二节

捕鱼先织网，搭桥先打桩

常言道，捕鱼就要先织网，要想搭桥就要先打桩。

人生路上我们想要更好地实现自己的价值，仅凭自身能力是不行的，就像风筝需要借助风的力量才能飞得更远更高。我们也需要借助外部力量，事业才能得到更好的发展。

我们要想得到别人的帮助就要先学会积攒人情，等人情攒够了，做事定会事半功倍。

虽然别人的帮助对我们来说极其重要，可你要知道别人为什么要帮助你，人与人之间永远是相互的，这个世界从来就没有无缘无故的帮助。

因此，在人际交往中学会积攒人情就很重要了，当人情积累到恰到好处，未来的路自然就好走了。

人性的本质，是互惠互利

俗话说，在家靠父母，出门靠朋友。多一个朋友就等于多了一条路。

在这个世界上，确实有无私奉献的人，但这毕竟是少数，大多数人考虑的还是互惠互利，当你想要得到别人帮助的时候就要想自己是否帮助过对方。

倘若你从来没有帮助过对方，却期望得到对方的帮助，这基本是不现实的。

平常没有好好积攒人情，不想着付出，那么关键时刻你根本借不到力，只能眼睁睁看着机会从身边溜走。

人情积攒多了，路也就多了，当你需要帮助的时候，别人才会毫不犹豫地帮助你。

真正聪明的人在平常会注重积攒人情，表面看似是在做无用功，实际是在为自己的以后铺路。

储备人情，路才顺畅

我们需要早一些储备人情，只有这样才能让自己的人生之路更加平坦。

当然，人情并不是你储备了立即就有用了，很可能在很长一段时间都得不到回馈，但会在将来的某个时间段帮你摆脱困境。

很多人觉得储备人情很麻烦，其实并非如此，因为人情往往体现在一些小事里，比如朋友遇到困难你拉一把，同事失意的时候你给予安慰。

这些看似简单的小事，却能让别人把你记在心里。当你遇到困难的时候，他们自然也会给予你帮助。

储备人情不一定非得失去什么，可能你什么都没有失去，但却能给别人带来力量。

目光长远，我们千万不要总计较得失，因为计较来计较去，最后吃亏的还是自己。当你不再去计较，力所能及去帮助别人，等你遇到困难时，别人自然也会雪中送炭。

别人遇到困难，如果能帮，就不要担心人情投资回不来，一旦你有了"亏本"的顾虑，那么你的人脉将会发展受限。

不要觉得在能力不如自己的人身上投资人情就是浪费时间，实则等于给自己买了一份未知的保险，等你遇到困难的时候，说不定将你拉出泥沼的人正是对方。

真正有智慧的人除了靠能力，还会依靠各种人际关系，他们懂得积攒人情以备不时之需，他们将各方资源打通，助力自己走向成功的彼岸。

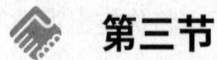 第三节

自己走百步，不如贵人扶一步

当下社会如同一张网，而交织点就是人，有贵人相助和没有贵人相助的人，过的完全是两种人生。

自己摸摸索索走很长的路可能都不如贵人扶一步，因为自己摸索是重复，贵人扶你则是破圈，没有贵人帮助，真的很难走好未来的路。

倘若你能遇到一个愿意帮助你的贵人，那么你奋斗的时间将会被大大缩短，能在最短的时间内实现自己的人生价值，既然贵人如此重要，那么怎么才能遇到贵人呢？

不要奉承，不卑不亢

与贵人相处切忌低三下四，你越是这样，贵人越不想帮你，他们会觉得你没有骨气，卑躬屈膝，一旦给贵人造成这样的印象了，那么后果会很严重。

我们接受贵人的帮助不应该用自己的原则来交换，要守住自己的底线，拿出自己的真情，真心实意地和对方交往。

让贵人看到你身上的可贵之处，让他从心里愿意帮助你，唯有如此你才能被贵人认可，从而更好地实现自己的人生价值。

一个人无论和谁相处，只要能做到不卑不亢，那么就会得到别人的欣赏，得到别人发自内心的指点。

在与贵人的相处中，真诚永远是最大的必杀技，甚至可以说你有多真诚，贵人就有多愿意帮扶你。

摆正位置，不可狂妄

有些年轻人仗着自己有三分才学，总是目中无人，这样的人是不会得到贵人的帮扶的，他们会觉得你不懂得尊重，没必要相处。

在贵人面前你是弱者，既然是弱者那么就要摆出弱者的姿态，你找贵人是为了寻求帮助，而不是和贵人比谁更厉害。

要是你比贵人还厉害，那么又何必去找贵人呢？自己扶持自己不就行了。

和摆不正位置、狂妄的人相处起来特别不舒服，他们只想着表现自己，却忘了别人并不愿意看到他们的炫耀。

一个聪明的人定会摆正自己的位置，积极配合贵人，而不是在贵人面前逞强称能。他们会在贵人面前态度自然，不会拘谨。因为越拘谨，贵人越难发现你身上的闪光点，自然也就不愿帮助你了。

一个人只有保持自己的本色，态度自然，贵人才会喜欢你。

贵人是力量的象征，是我们生命里特别重要的人，他们能帮助我们战胜困难，助力我们走出困境，让我们的事业更上一层楼。

在人生这条大道上，贵人若是愿意扶我们一把，那么我们的人生自然不一样。

未来的日子里，希望每个人都能遇到贵人，能得到贵人扶持，能用最好的姿态走好人生的每一步路，实现自我价值。

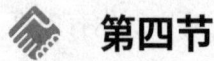 **第四节**

鸟随鸾凤飞腾远，人伴贤良品自高

"人伴贤良品自高，鸟随鸾凤飞腾远"这句话的意思是，鸟随着鸾凤一起飞就会飞得很高，人常伴在贤良的人身旁，品德自然就会高尚。一个人和什么样的人交往，会直接决定自己的事业发展和素质高低。

每个人都想让自己变成优秀的人，可这并不是一句话那么简单，让自己变优秀除了自身努力，还需要结交优秀的人，借助他们给自己助力。

曾国藩曾说："择友乃人生第一要义。一生之成败，皆关乎朋友之贤否，不可不慎也。"

你和什么样的人交往，大概率上就会成为什么样的人，多与贤良的朋友交往，自己的品质也不会差到哪里去。

贤良的人会助力你的人生更加坦途，会把你从黑暗的泥沼中拉出来，让你重新拥抱光明。

多交益友，互为贵人

人生路上我们会遇到各种各样的朋友，有益友自然也有损友，对于益友我们要用心交往，对于损友我们要果断断交。

判断一个人是不是益友，就要看对方的人品，若是对方人品低下，特别注重利益，遇到问题首先考虑自己，那么这样的人是不能相交的。

人生在世，我们要多交益友，互为贵人，这样我们的人生之路才会走得更顺畅。

20世纪30年代，巴金先生筹办《文学季刊》时，他想让几位当代作家给杂志供稿，于是在朋友的引荐下，他见到了冰心。

当冰心听完巴金的诉求后，爽快地答应了邀约，这令巴金非常感激。数年后，冰心不幸身患重疾，生活拮据，便拜托巴金帮她出版书籍。

巴金不仅毫不犹豫地答应了，还放下了手中的事，亲力亲为地帮其完成。从他们的关系中我们不难看出，巴金和冰心是益友，他们互为贵人，两个人的情谊长达60多年，让人羡慕。

真正的朋友是不会把友谊归结到利益上的，正如西塞罗说所言："把友谊归结为利益的人，我以为是把友谊中最宝贵的东西勾销了。"

贤良、品质高的益友不会把友谊当成一种跷跷板，而是会把友谊看成一种责任，会助力对方更好地实现自我价值。

你若盛开，清风自来

一个人与其浪费时间与精力去结交一些对自己没有帮助的人，不如沉下心来努力提升自己，当自己变得足够优秀，那么优秀的人自然会向你靠拢。

很多人以为只要遇到优秀的人了，那么自己就会变得优秀，实际上这是错误的，你若不优秀，那么优秀的人是不愿意和你交往的，在他们看来和你交往纯粹就是浪费时间。

这个世界上没有人喜欢一事无成、没有目标、没有追求的人，一个人只有努力提升自己才能与优秀的人相遇和交流。

因此，若是你想得到优秀的人的帮助，就要努力提升自己，就算努力到最后依然没有能力让自己变优秀，但至少优秀的人能看到你的进取态度，他们自然也乐意帮助你。

　　常言道，栽下梧桐树，引得凤凰来。在这个世界上，最能吸引人的不是金钱和美丽，而是优秀本身。

　　一个人遇到什么样的人，都是被自己吸引而来的，做最好的自己，才能遇见最好的别人。

　　在往后的日子里，千万不要遇事就放弃，而是要努力让自己变得更好，向优秀的人靠拢，借助他们的力量，让自己变得更强大，这样才会有一个更加精彩的人生，不是吗？

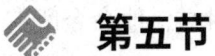 **第五节**

活得通透的人，都懂得借力

荀子在《劝学》中曾说："假舆马者，非利足也，而致千里。"这句话的意思是一个人能到达千里之外，并不是因为走得快，而是借助了车马。

人生在世，每个人都想早点到达成功的彼岸，可往往力不从心，这个时候懂得借力就非常重要了。借力是一种哲学，能让山穷水尽的人重新看到柳暗花明。

借力不是没有本事的体现，而是让人生选择更多元，更容易实现自己的人生价值。

懂得借力，才会更省力

人这一生，起起落落，我们会遇到各种各样的麻烦事，有些事对你来说可能有难度，但对别人来说则易如反掌。

既然如此，那么就不要只想着靠自己解决，否则不仅浪费了时间，还会让自信心受挫，让自己未来的路走得步履维艰。

真正厉害的人，绝对不会凡事靠自己，因为这是最笨的成长方式，他们懂得借力而为，善于协调各种力量，来达到自己的目的。

《三国演义》中草船借箭的故事，相信不少读者都看过。

在一个大雾弥漫的早上，诸葛亮派出20艘木船，船上扎满了稻草人，伪装攻打曹营。

曹操以为诸葛亮来攻打自己了，于是便想用箭射死对方，他命令所有的弓箭手万箭齐发，结果箭一支支地射到了船上的稻草人身上。

不到一个时辰，诸葛亮就收到曹操送来的十万多支箭。

在生活中，学会借力真的很重要，一个人只有懂得借力，才会更容易得到自己想要的。

石油大王约翰·洛克菲勒曾说："我之所以能跑在竞争者的前面，是因为我擅长走捷径——与人合作。"

倘若他没有借助别人的力量，凡事靠自己的话，那么怎么可能会取得这么大的成就呢？会借力，才能博采众家之长，成为真正的人生赢家。

任何时候都要知道，单一的力量只会让自己受困，一个人就算速度再快也跑不过汽车，汽车速度再快也跑不过飞机。

你要做什么样的事，就要去借助什么样的力量，只有这样才能得到自己想要的。

懂得借力的人，会有长远的目光，他们知道这不是一个单打独斗的时代，需要借助团队的力量才能突破自身困局。

懂借力的人，运气不会太差

无论是在工作还是生活中，很多人特别喜欢闭门造车，他们困在自己的世界里，从来不去学习优秀者的方法和经验。

当发现别人比自己优秀的时候，他们不仅不去借力，反而会嫉妒对方，觉得命运不公，这样的人其实很可悲，他们一生都很难实现自己的人生价值。

一个人有不足并不是大问题，只要能做到向优秀者请教，借助别人的力量让自己成长，那么运气必然不会太差。

《三国志》有一句名言："能用众力，则无敌于天下矣；能用众智，则无畏于圣人矣。"

我们这一生有太多的不确定因素，只有学会借力、勤于学习的人，才会无惧人生路上的风雨，获得自己想要的成果。

人生是一段艰难的旅程，愿我们每个人都能懂得借力，弥补自身的不足，这样才会开启命运的春天，让自己的人生更加精彩，不是吗？

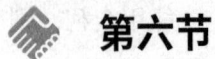 第六节

用好中间人，路才会越走越宽

社会不是封闭的，人情也不是，说到底就是一环套一环。

我们认识的人可能无法助力我们，但他们认识的人可能就能助力，既然如此，就需要他们从中给我们牵线。

人际交往中，很多人觉得中间人的价值不大，殊不知他们的价值其实非常大，因为如果没有中间人的介绍，你就无法和能帮助你的人认识，对方自然也就不会给你提供帮助了。

由此可见，中间人对我们来说非常重要，只有让其价值最大化，我们才能更好地实现自我价值。

中间人帮你，是莫大的信任

当你想找中间人牵线时，如果对方愿意帮你，那不仅是对你人品的肯定，也是对你莫大的信任。

你可能觉得在这个过程中，中间人并没有付出太多，只是简单地牵了线而已，殊不知牵线是要承担风险的。

倘若你靠谱，事情做得很好自然没有什么；但如果你不靠谱，事情做得很差，那么他就会受到牵连。

中间人愿意为你提供便利，让你得到自己想要的，那么你就要让对方得到利益，唯有如此他们才会更加愿意帮你。

当中间人为你牵线后，你千万不要越过中间人和第三方直接交流，否则不仅是中间人，第三方也会很快和你划清界限。

他们知道和你这样的人相处很危险，一旦自己把你带上路了，可能很快会被甩掉。

一个人做事情若是喜欢越过中间人，那么最后的结果就是成为众矢之的，没有任何人愿意和你继续交往。

你是什么样的人，他们看得一清二楚，自然也就不会选择与你合作了。

善待中间人，路越走越宽

有人说，中间人是桥梁，是保障，是润滑剂。

只有通过中间人的帮助，我们才能接触到更优秀的人，在他们的帮助下，我们的人生之路才不会步履维艰。这点，我完全相信。

人际关系中，中间人愿意帮我们是好事，但他们为什么要帮我们呢？原因无非两个方面：一方面是认可我们这个人，另一方面就是想得到好处。

倘若你通过中间人的介绍达到了自己的目的，那么就不要忘了中间人，尽管现在中间人可能于你而言没有一点作用了，那也不能甩掉对方。

一旦你甩掉对方了，那么别人很快就知道你是什么样的人了，以后无论你怎么做，别人也不会为你牵线搭桥了。

一个人只有懂得善待中间人，他们才会愿意介绍你与更优秀的人相遇。

如果做不到善待中间人，想着用完就划清界限，那么只会让自己未来的路越走越窄，甚至会直接走进死胡同。

人生如棋局，一步走错步步都会错，不要为了暂时的利益而忽略中间人的作用，否则自然不会有一个好的未来。

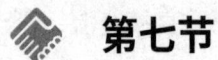第七节

万事都具备，东风自然至

人生在世，没有理所当然的成功，也没有毫无道理的平庸。

一个人是什么样的人并不是命中注定的，而是靠后天努力，越是有能力的人越懂得修炼自己的内功，他们知道如果内功修炼不好，别人想提拔自己都无从下手。

常言道，好风凭借力，送我上青云。

我们在借力的时候要准备好一切，否则就算借到力依然与成功无缘。

天助者自助，如果我们先天条件不好，就不要只想着借力，要想尽一切办法让自己变得优秀。

借不到东风，说明万事不具备

万事具备了，那么东风自然会来，但如果万事不具备，东风来了也起不到任何作用，只会让你更加苦恼。

想借力就要具备借力的条件，若是你自己并没有准备好，那么借力不过是一个笑话。不想努力，总想着天上掉馅饼的人会输得很惨。

真正聪明的人从来不会刻意去等东风，而是静下心来努力提升自己，他们知道当自己优秀到一定程度，周围将都是贵人。

诚然，逼着自己优秀很难，但再难也要改变，只有这样，属于你的东风才会到来。

一个人只有有了金刚钻，才能揽到瓷器活，若是没有金刚钻，就算瓷器活来了也接不住，只能拱手让给别人。

因此，真正优秀的人，从来不会把所有的事都寄希望于别人，他们不去考虑外面有多少瓷器活，只会用心打磨自己的金刚钻，一旦有了这个能力，那么未来自然完全不用愁。

有准备的人，才会被机会青睐

现实生活中，经常有人抱怨遇不到机会，好像只要遇到了机会他们就能展翅翱翔，得到自己想要的。

殊不知并不是这样，机会对每个人来说都是公平的，大多数人都会遇到一些机会，可并不是每个人都能抓住它，很可能会错失机会。

任何时候都要知道，机会于我们而言是外力，自身的能力才是内力，一个人若是没有好的内力，那么就算外力再好又有什么用呢？

真正聪明的人会注重内力而非外力，他们知道如果不准备好内力，那么所有的外力都是摆设。

世界上并不缺少机会，而是缺少随时随地抓住机会的人。我们并不是借不到力，而是没有做好准备，即便借到力也完全没用。

在机会面前，有准备的人和没有准备的人，过的完全是不一样的人生。

生活中有些人总是抱怨命运的不公，别人混得风生水起，自己却混得一塌糊涂，以为命运不偏向他们，殊不知并非如此。

总而言之，我们在自身准备不足的情况下，不要总想着借力，也不要抱怨自己没有机会，因为对没有准备好的人来说，再好的机遇也不过是一场擦肩而过的风。

第二章

人情通透的人，
都懂得藏拙

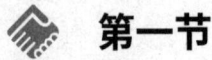 第一节

地低成海，人低成王

有句俗话说："地低成海，人低成王。"这句话的意思是，地不畏其职位低，方能聚水成海，人不畏其职位低，方能深孚众望成为领导者。

生活中，我们只有做一个不张扬、不炫耀的人，才能在平淡无奇中厚积而薄发。倘若不懂得低调，做事太张扬，那么只会害了自己。

一个人越是去炫耀什么，内心就会越缺失什么，高调不过是自卑的表现，当你想引起别人注意的时候，别人极有可能会忽略你。

真正有才华的人，根本不需要虚张声势，因为是金子无论在哪里都会发光。

不要把自己看得太重要

一个人最大的明智就是不把自己看得太重要，他们知道自己的斤两，真正厉害的人，从来不会刻意寻求存在感。

山不解释自己的高度，却巍峨入云；海不说自己的面积，却博大无垠。

著名表演艺术家英若诚曾讲过一个自己的故事。

英若诚生长在一个大家庭中，每次吃饭，都是几十个人坐在大餐厅中一起吃。

有一次，他突发奇想，决定跟大家开个玩笑。吃饭前，他藏在饭厅内

一个不被人注意的柜子中，想等到大家找不到他时再出来。

可是让他没想到的是，大家根本没有注意到他的缺席，等大家酒足饭饱之后，他才蔫蔫地钻出来吃了些残汤剩菜。

倘若英若诚一开始就知道是这样的结果，那么他断然不会开这样的玩笑，他以为自己在别人眼里很重要，殊不知自己在别人眼里可有可无。

活得通透的人从来不会把自己看得太重要，他们知道地球上缺了谁都一样地转，没必要给自己找不自在。

当一个人学会了放低自己，那么他基本上就会变成优秀的人。

低调是一种修养

人生在世，我们要学会低调，因为低调代表着成熟稳重，是人生必须摆正的一种姿态，越是低调的人修养越高，他们懂得深藏自己的锋芒，关键时才果断出手。

很多人觉得低调是无能的表现，实际上并不是，正如作家冯骥才所言："低调不是被边缘化、被遗忘，更不是无能。相反，只有自信的人才能做到低调，并安于低调。"

说到底，低调其实是自信的表现，低调的人具有波澜不惊、心静如水的定力，他们知道自己想要什么，会为了想要的严格要求自己，从而更好地实现自己的人生价值。

一个人如果特别喜欢出风头，那么自然会遭到别人的打击，越是炫耀自己，可能受到的伤害会越大。

真正的强者绝对不会高调，他们知道枪打出头鸟的道理，会选择韬光养晦，用最低的姿态去得到自己想要的。

越是低调的人越不张扬，越愿意为别人着想，别人也越愿意靠近他们，就像网上有句话说的那样："低调的人懂得修养品性，能为人着想，让自己拥有超脱欲望、淡泊名利的胸襟。"

如果一个人总是特别高调，到处炫耀自己，不懂得为别人着想，那么脚下的路必然会越走越艰难。

人生这条路想走好并不容易，想走得顺顺利利就要做一个低调的人，只有懂得低调做人，身边的人才愿意靠拢过来，我们才能更容易得到自己想要的，不是吗？

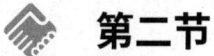 第二节

木秀于林，风必摧之

魏晋时的文学家李康在《运命论》中写道："木秀于林，风必摧之；堆出于岸，流必湍之；行高于人，众必非之。"

意思是树木高出树林，风肯定会把它吹断；土堆突出河岸，急流肯定会把它冲掉；德行高于众人，众人肯定会对他进行诽谤。

古人云，匹夫无罪，怀璧其罪。

一个人若是怀有才华，就算没有做伤害别人的事情，也会受到别人的排挤，因为他的光芒四射会凸显别人的暗淡。

真正厉害的人不会锋芒毕露，他们会和光同尘，让自己看起来和普通人没有区别。

人最大的失败，是太张扬

胸有沟壑的人，会在天地之间感到自己的渺小；恃才放旷、不懂得收敛自己的人，才会惹下祸端。

为人处世，有能力固然是好事，但若是太张扬自然就会遭到别人的嫉妒，给自己带来大麻烦。

《菜根谭》中有这样一句话："鹰立如睡，虎行似病，正是它攫人噬人手段处。故君子要聪明不露，才华不逞，才有肩鸿任钜的力量。"

一个人只有不显摆、不张扬才会得到别人的尊重，才不会暴露自己认

知上的不足和内心世界的贫瘠。

太张扬的人，是很难抓住成功的，因为他们骄傲自大，完全意识不到自己的问题。任何时候，我们只有学会不张扬，做到与人为善，才能成就更好的自我。

山外有山，人外有人

太过张扬的人如同井底之蛙，他们看不到别人的长处，觉得自己才是最厉害的人，他们目中无人，树敌无数。

庄子《秋水》中有这样一个小故事。

秋天来了，雨水使河水全部上涨，众多大川、小溪的水都流入黄河，水流汹涌而宽阔，两岸与河中沙洲之间连牛马都分辨不清。这个时候河神扬扬自得，认为自己就是天下最大的了。

大河向东流，来到北海边，河神向东望去，海水无边无际。此时河神扬扬自得的傲慢荡然无存，它终于意识到自己有多么自高自大了。

山外有山，人外有人，一个人太过自大只会暴露自己的无知，觉得自己很厉害，实际上对别人来说不过是个小丑。

如果我们能认识到自己的不足，不去张扬，也不去高估自己，那么自然能更好地实现自己的人生价值。

真正聪明的人是懂得藏拙的，就算自己非常有能力，他们也会选择藏拙，因为这样不仅能保护自己，还能更好地成就一番事业。

在人际交往中如果你懂得藏拙，就会在竞争中处于上风，甚至会让自己立于不败之地。但如果你不懂得藏拙，太过显摆张扬，那么就会输得很惨。

懂得藏拙的人，是有大智慧的人，他们懂得收敛，不把自己的软肋暴露给别人，会在不声不响中得到自己想要的，走好未来的路。

第三节

难得糊涂是一门学问

人生在世难得糊涂，有些人看似糊涂，实则是一种聪明，他们知道糊涂就不会让自己锋芒外露，从而能助力自己走好未来的路。

人是社会性的动物，免不了社交。但与人相交，事事显得自己很聪明，难免会给自己招来祸端。这样的聪明说到底就是一种傻。

真正聪明的人不会炫耀自己的聪明，而是遵守社会规则，做人做事也绝对不会因为自己的聪明而沾沾自喜。

与人相处，聪明固然重要，但有的时候需要装装糊涂，这样才不会让自己受到更大的伤害。

太聪明的人，会毁了自己

《三国演义》里记载了这样一个小故事。

三国时期的杨修是一个非常聪明的人，但却太过显露自己的才华。

有一次，曹操命人去修建相国府的大门。门建好后，曹操来验收时却不发一语，只在门上写了一个"活"字。当时众人是一头雾水，不明其意。

杨修表示门上写"活"，就是"阔"字呀，于是，立刻命工匠把门改窄。曹操知道后虽然表面上表示满意，但其实心里已经不爽了。

又有一次，塞北进献了一盒子糕点。曹操很高兴，大笔一挥在盒子上写了"一合酥"。

杨修又一次卖弄聪明，直接叫众人分食了，还说曹操的意思是"一人一口酥"。

虽然此时曹操并没有多言，但内心对杨修已经厌恶至极了，倘若这个时候，杨修知道收敛自己的聪明，那么还不会给自己引来祸端。

后来，曹军屯兵斜谷，进退不得，曹操心里很烦躁。夏侯惇来问当晚的口令，正巧兵士端来一碗鸡汤，曹操有感而发说："鸡肋。"

杨修再一次抖机灵，让随行军士收拾行李，准备撤退。这一次，曹操得知后大怒，以扰乱军心之罪斩杀了杨修。

杨修确实很聪明，但却又因为聪明给自己引来祸端。

人生如戏，戏如人生，任何时候都要知道，真正聪明的人从来不会在人生这场大戏中迷失自己，他们知道掩饰自己的聪明，不会因为聪明而让自己反受其害。

做人，有时要难得糊涂

人这一生，难得糊涂，糊涂是一种难得的智慧，在我们的人际交往中特别重要，你若是能糊涂一点，受到的伤害就会小一点，人生的路自然也就好走一点。

聪明是一个人的优势，恰恰也是劣势，太聪明的人会让别人非常不爽，会让自己人生的路越走越窄。正如作家林清玄所说：我们不要对人生有那么多的计较，因为这个计较，正好是阻碍我们开悟，或者认识人生真价值的东西，如果我们可以学习赤子、宁作傻瓜，那么我们就会生起单纯的心。

人这一生，起起伏伏，真正有大智慧的人，看起来都有一些愚笨，这就是我们经常说的大智若愚。

为人处世中如果我们能够达到大智若愚的境界,那么我们就不会被聪明反噬,从而拥有更大的作为和更大的生存空间。

真正厉害的人不会滥用自己的聪明,他们知道聪明用对了地方会起作用,倘若用错了地方,只会适得其反,把自己逼得走投无路。

世道险恶,人心不古,倘若一个人能做到该聪明的时候聪明,该糊涂的时候糊涂,那么才能经营好自己与别人的关系,从而让自己的人生平安顺遂,不是吗?

第四节

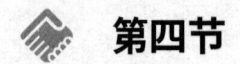

才高而不自诩，位高而不自傲

常言道，满招损，谦受益。

一个人倘若特别容易自满则会招致损失，若是谦卑则能得到益处。人生在世，有才自然是好事，但若是总自诩自己的才华，则可能会给自己招来祸患。

古往今来，越是成功的人，越不会恃才放旷。他们低调谦逊，懂得摆正自己的位置，也正是因为如此，他们才会得到大家发自心底的尊重。

在这个世界上，只有一瓶子不满半瓶子晃荡的人，才会卖弄自己的才华，真正有涵养、有实力的人看上去与普通人无异。

炫耀逞强，则遭人讥讽

《菜根谭》里说："君子之才华，玉韫珠藏，不可使人易知。"

真正厉害的人从来不会自诩才高，他们会脚踏实地，默默耕耘，虽然他们会暗自庆幸自己的才，但绝对不会过度炫耀。

一个人一旦过度炫耀，那么往往会让自己下不来台。

我们都知道苏轼是一个很有才的人，他自小便被称作神童，十几岁已遍览诸子百家，20岁考取进士。

当时的苏轼自诩知识渊博，才智过人，便不把任何人放在眼里，于是大笔一挥，在自己的书房门上写下一副对联："识遍天下字，读尽人间书。"

写下这副对联没多久,一名长者登门拜访。当他看到书房门上的对联后,从袖筒中拿出一本书来,十分谦恭地向苏轼求教。

苏轼本以为没问题,不承想里面的好多字都不认识,他不禁面红耳赤起来。

老人见状笑道:"天下那么多书,也许有公子没见到过的,我再去请教别人吧,就不难为你了。"

老人说完后,苏轼顿时如芒在背,羞愧难当。待老人走后,他将那副对联撕得粉碎,又回到书房重写了一副:"发愤识遍天下字,立志读尽人间书。"

正是因为如此,他也成了一代大文豪。

一个人过度炫耀自己,别人不仅不会从心底敬佩,反而还会嘲笑,在他们看来,这并不是学富五车的人,而是胸无点墨的小丑。

真人不露相,露相非真人

任何时候都要知道,真正厉害的人都是很低调的,他们谦虚谨慎,知道只有这样,才能赢得人心。

纵使自己有很厉害的本事,也不要自命不凡,风头尽出。

一个人有可以恃才傲物的能力,是值得庆幸的,但即便如此,也要保持不显山不露水的低调,只有这样才能更好地实现自己的人生价值。

大智若愚,是人生的大智慧;才高自诩,只会给自己带来未知的灾难。

我曾看过这样一句话:"成熟的稻子,都是弯着腰的,因为深藏锋芒,才能躲避过无妄之灾。"

稻子如此，人也如此，总是恃才放旷的人往往都是昙花一现。只有那些懂得隐藏自己，不显山不露水的人，才能守得好自己的名利，被人们敬仰。

人生道阻且长，若是我们有才，请尽量做一个才高而不自诩的人，这样我们才能更好地走好脚下的路，不是吗？

第五节

懂得藏拙的人，都是深谙人性的高手

古语有云："贤者不炫己之长，君子不夺人所好。"

这就告诉我们，一个人如果想实现自己的人生价值，就要懂得"藏"，不能轻易说出自己的目标和计划，否则可能功亏一篑。

真正厉害的人都懂得"藏"，他们不会轻易向别人透露自己的心迹，会做到克制而不张扬、收敛而不放纵。

这样的人，才能把握住机遇，掌握住自己的命运。

以身藏势，才能笑到最后

《菜根谭》中有这样一句话："藏巧于拙，用晦而明，寓清于浊，以屈为伸，真涉世之一壶，藏身之三窟也。"

简单来说，在人际关系中，我们宁愿显得笨拙一点也不要暴露自己的机谋，宁可用谦虚来收敛自己也不能锋芒毕露。

一个人只有藏好这些，别人才不知道我们的真正动机，从而更好地实现自我目标。

清朝名将曾国藩就是一个特别懂得隐藏自己的人，他虽然能力超群，但却从不招摇，完全与常人无异。

刚开始，曾国藩并没有得到重用，随着湘军在对太平军的作战中屡战屡捷，曾国藩的名气、地位越来越高；尤其是在攻破南京城后，将士们欢庆胜利，静等朝廷的封赏。

但曾国藩此时却非常平静，他知道自己虽然为朝廷立下了汗马功劳，但也成了朝廷的心病，导致自己成了朝廷必须防范的人。

因为他位高权重，拥兵几十万，使皇权受到了极大威胁；果不其然，朝廷在嘉奖他的同时，也采取了排挤、压制等一系列措施。

将士们都为他鸣不公，但他看上去却满不在乎，对朝廷的各种打压、排挤都表现出了恭顺的态度，没有丝毫怨言，全盘接受。

面对朝廷的打压他始终保持一张笑脸，丝毫看不出内心的波澜，以此尽可能消除朝廷的猜忌之心，掩藏着真正的实力。

藏住心境，才能掌握命运

人生在世，不如意的事情本就十之八九，倘若我们总是受到外界因素的影响，那么很难掌握自己的命运，日子也会过成自己讨厌的样子。

无论遇到什么样的事情，我们都要藏住心境，保持内心的平静与淡定，做到心如止水，不受外界的影响。

只有这样，我们才能更好地认识自我，从而让自己有所成就。

诚然，懂得藏住心境并不是一件容易的事情，因为我们很难做到不以物喜不以己悲，遇到事情心情难免会受到影响。

虽然难，我们也要尽量做到，因为能够藏住心境和藏不住心境的人最后得到的结果完全是不一样的。

我们这一生充满了各种变数，因此我们要学会"藏"，唯有如此才不会留下痕迹，才不会让人抓住把柄，我们才能好好地积蓄自己的力量，然后一鸣惊人，不是吗？

第六节

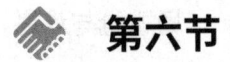

真正聪明的人，从不把优越感写在脸上

人是天生有优越感的动物，但只有做到不表现出来，才是极大的智慧。

优越感很强的人，特别喜欢显摆自己，不懂得尊重别人，总是时不时秀自己的优越感，完全不考虑别人的感受，这样的人是不懂得低调谦卑的。如果别人在某一个方面超过自己了，这样的人就会极端不自在，甚至远离对方。

这是一种"自得"夹杂着一点"你不如我"的情绪，如果你在朋友面前处处显示自己的优越感，那么这段关系也基本上走到尽头了。

真正厉害的人，没有优越感

如果你仔细观察会发现，真正厉害的人，是没有优越感的，他们懂得隐藏自己的优越感，懂得尊重别人，这样的人一般会有个好的未来。

有位非常成功的企业家为了答谢客户，特地举办了一场宴会，宴会进行得很顺利。

当最后一道餐点结束时，侍者为每人端来一盘洗手水，精巧的银盘装着清澈的凉水。有位客人不由分说，端起盘子，咕噜咕噜全喝光，一旁作陪的朋友见此大吃一惊。

大家都在等着看他笑话时，没想到宴会主人竟然也端起了洗手水，一饮而尽，众位客人见状也纷纷端起洗手水喝掉。就这样，一场尴尬与难堪就在无形之中被化解掉了。

如果换作别人，很可能会说："哎呀，怎么连洗手的水都不知道，真是老土。"

当他在客人面前表现出优越感的时候，彼此应该会很尴尬，这段关系也应该会很快终结了。

所以，真正厉害的人是没有优越感的，他们不会因为自己懂得多而沾沾自喜，也不会把自己的快乐建立在别人的痛苦上，这样的人才适合做朋友。

太有优越感的人，素质不高

特别喜欢秀优越感的人，说到底就是素养不高，这样的人多半也不会有好的前途。

倘若你天生比别人优越，自然是一件好事，但如果你到处炫耀这份优越，那么只会和别人的关系更差，让自己未来的路越来越难走。

保持自己优越感的方式是通过只关注别人的缺点并将其发扬光大，这样不仅让拥有缺点的本人感到不快，还会树立自己眼缝儿窄的形象。

在这个世界上只有没有素质的人才会卖弄优越感，他们完全忘了低调的重要性，其实，低调才是最了不起的才华。

任何时候都要知道，一个人越是想在别人面前表现自己的优越，别人就会越反感，到最后，多年的友谊毁于一旦，桥归桥，路归路，再也互不相干。

人生很短，倘若你想走好未来的路，那么就要戒掉优越感，这样别人才愿意靠近你，从而让你的人生之路走得更加顺遂，不是吗？

第七节

特别爱炫耀的人，多半没真本事

真正厉害的人往往是特别低调的人，只有那些一瓶子不满半瓶子晃荡的人才到处炫耀。

一个人爱炫耀什么，就证明他缺少什么，因为自己没有，所以才会包装和掩饰；因为自卑，才嫉妒渴望得到别人的认同。

一般来说越是喜欢炫耀的人越没有大本事，因为真正有本事的人不需要炫耀的。人际交往中，如果对方总是夸夸其谈，时刻在你面前炫耀，最好的办法就是远离，因为与其相处纯粹是浪费时间。

炫耀自己的人脉

没本事的人喜欢炫耀自己所谓的人脉，借此来展示可怜的优越感。

他以为自己这样做会显得特别厉害，实则很幼稚。你认识谁并不重要，重要的是谁认识你，若是你有本事，不用炫耀别人也会知晓。

若是没有本事就算用力炫耀也没用，弄不好还偷鸡不成蚀把米。

《战国策·楚策一》记载："虎求百兽而食之，得狐。狐曰：'子无敢食我也。天帝使我长百兽，今子食我，是逆天帝命也。子以我为不信，吾为子先行，子随我后，观百兽之见我而敢不走乎？'虎以为然，故遂与之行。兽见之，皆走。虎不知兽畏己而走也，以为畏狐也。"这是人人都知道的狐假虎威的典故。

当一个人炫耀自己认识多厉害的人物而作为自己底气的时候，多半是在狐假虎威了。

如果一个人足够强大，他们会想着依仗别人的姓名、气势，来增添自己的威风吗？答案显然是不会。

真正厉害的人不会炫耀自己的人脉，因为他们知道真正的人脉从来不需要炫耀，当自己变得足够优秀时，别人自然会看到你的价值。

如果以为只有炫耀自己的人脉别人才会高看你一眼，那么就大错特错了，别人可能嘴上不会说什么，但在心里已经把你当成了笑柄。

炫耀自己的聪明

在这个社会上，聪明的人不会炫耀自己的聪明，而是遵守社会规则，做人做事也绝对不会因为自己的聪明而沾沾自喜。

曾看过一个真实的故事，感触颇深：

有个小伙子在国外留学的时候发现了公交系统的漏洞，因此他便开始了逃票，并为自己的聪明而感到自豪，并且经常和朋友们炫耀自己的聪明。

后来，这个小伙子毕业之后便参加了一家大型公司的面试，刚开始该公司的HR对他特别赏识，因为他表现得非常优秀。

本来小伙子以为自己胜券在握了，没想到最后HR却拒绝了他，理由就是他曾经逃过票，是不值得让企业信任的人。

知道这个原因之后小伙子追悔莫及，可这又有什么用呢？倘若他早知道是这样的结果，当初断然不会逃票，可人生哪有那么多早知道啊！

你要知道，真正聪明的人从来不会炫耀自己，更不会利用自己的聪明来做投机取巧的事，而是认认真真遵守社会规则，脚踏实地实现自己的人生价值。

人生苦短,在未来的日子里,愿我们与值得的人相交,与不值得的人断交。

如果对方是脚踏实地不炫耀的人,请放心与之交往,这是可以相处一生的朋友;反之则尽量远离,这样的人不会对你的人生有丝毫帮助,不是吗?

第三章

通透的人，都懂得处世智慧

第一节

物以类聚，人以群分

人生在世，我们会遇到很多人，不过是有的人真心，有的人假意，有的人光明磊落，有的人虚伪奸诈罢了。

一个人与什么样的人相处，大概率上也会成为什么样的人，优秀的人，身边很少有庸碌不思进取的人，积极的人身边很少有负能量的人。

与苍鹰齐飞，必是俊鸟；与豺狼同行，必为野兽！

因此，我们要和优秀积极的人相处，远离消极庸碌之人，这样才能更好地走好人生之路。

近朱者赤，近墨者黑

《周易》有云："同声相应，同气相求。"

人与人之间是相互吸引的，不是同类的人是很难在一起相处的，倘若你是特别喜欢占便宜的人，那么身边的人大多数也是这样的。

你不要怪身边的人总是占你的便宜，要从自己身上找找原因，这才是根源，若你是正直、不占便宜的人，身边自然也是这样的人。

战国时期，齐宣王为招揽人才，便让淳于髡举荐。本来齐宣王以为这是很难的事，不承想淳于髡一天之内，竟向齐宣王举荐了七位贤士。

齐宣王大惊，便问："都说贤士可遇不可求，你一天举荐这么多，靠谱吗？"

淳于髡听后笑着回答:"天下间,相同的事物总是聚集在一起,我淳于髡也算贤士,让我举荐贤士,就如在黄河里取水一样容易!"

正是因为淳于髡是贤士,因此身边的人也都是贤士了,倘若他们不是贤士,相信淳于髡也不会与之交往。

圈子决定一个人是什么样的人,倘若你想让自己变得优秀,那么就靠近积极的圈子,这样你也会和他们有相同的品格。

想遇优秀的人,要先成为优秀的人

荀子有云:"蓬生麻中,不扶而直;白沙在涅,与之俱黑。"

你是什么样的人,什么样的人就会和你相处,你若是不优秀,身边聚集的也是一些庸碌之人,只有自己才能决定自己的圈子。

"画眉麻雀不同嗓,金鸡乌鸦不同窝"这句话说的就是圈子的作用。

如果你想聪明,那就要和聪明的人在一起,只有这样才会让自己更加睿智;如果你想优秀,那就要和优秀的人在一起,只有这样才会让自己出类拔萃。

你是爱抱怨的人,身边爱抱怨的朋友就居多,而且会经常听到抱怨的事情;你是积极乐观的人,也一定会发现身边有一样的朋友,经常分享快乐的感受。

人生在世,我们没必要刻意去找优秀的人,当自己足够优秀后,那么身边的人自然也会优秀,就像有句话说的:"不要去追一匹马,你只管努力奔跑,跟上马的速度,待春暖花开之时,自会有骏马供你选择。"

人生很短,希望我们每个人都能优化好自己的圈子,提高圈子的层次,当你成为有成就的人,那么圈子里的人也就是有成就的人了。

这些人会像一面镜子,照出你的懒惰,逼迫你不断进步,从而让你成为更好的自己。

第二节

从生活细节中窥见人性

有人说,一个人的行为和动作,可以反映出这个人的性格和心理特点。

这句话我完全赞同。

以前我们常说,酒品即人品,要验证一个人的人品怎样,无须过多了解,只需要和他喝顿酒就行了,他在酒桌上展现出来的样子就是其真实的样子。

其实,不只酒品是人品,饭品同样是人品。

说到底,一个人在饭桌上的表现就是他在日常行为中的表现,倘若一个人在吃饭的时候有这几个习惯,那么人品多半不好,千万不要深交。

喜欢抢菜,独占美食

在饭桌上有一类人让人特别不喜欢,他们遇到喜欢的菜会直接放到自己面前,不管别人吃不吃,只为了满足自己的味蕾。

这样的人多半来说是自私的,有好事他只会想着自己,等他吃够了才会想起别人来,他们完全不懂得尊重别人,素质也比较低下。

倘若饭桌上遇到这样的人,你就没必要和其交往了,否则吃亏的只能是自己。

这样的人就是把利益放在首位的人。如果能从你身上获得利益,他会主动靠近你,但如果从你身上得不到利益,他则会远离你。

既然对方只想从你身上获得利益，那么你又何必尽心尽力维护这段关系呢？

对于喜欢抢菜，独占美食的人最好的办法就是远离，这样才不会被他们伤害，才是对自己最好的保护。

总是蹭吃，从不回请

人与人的交往是相互的，吃饭也是如此，今天饭桌上我请你，明天饭桌上你请我，有来有往才能更好地相处下去。

但如果你总是蹭吃蹭喝，那么别人就会选择远离了，因为他们知道你是只想占便宜的人。

喜欢蹭吃蹭喝的人，格局很低，他们一生都在想着怎么占便宜，这样的人一生也注定不会有什么大出息。

对待这样的人，没必要不好意思，因为你越是不好意思他越好意思。

选择与这样的人做朋友真的很傻，因为在这段关系里只是你把他当成了朋友，他则只是把你当成了提款机，完全不懂得尊重。

无论什么时候，学会尊重别人非常重要，也只有这样彼此之间的感情才能更好地维系，就像网上有句话说的："人与人之间需要一种平衡，就像大自然需要平衡一样。不尊重别人感情的人，最终只会引起别人的讨厌和憎恨。"

人生很短，我们要与合适的人相处，与值得相处的人交心，这样感情才会和谐又长久。

未来的日子里，如果我们通过吃饭，能判断出对方是一个自私自利，喜欢占小便宜，不懂得尊重别人的人，那么就不要交往了，否则不过是给自己添堵罢了，不是吗？

第三节

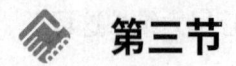

圈子不同，不必强融

《论语》中有云："道不同，不相为谋。"

人生是一趟列车，在这趟列车上有人会上车也有人会下车，我们这一生会和各种不同性格的人打交道。

倘若我们要满足每一个人，想在不同的圈子和别人相处，那么自然是很难快乐的，与其强行融入不属于自己的圈子还不如寻找同频共振的人。

任何时候都要相信，灵魂相似的人总会相逢，圈子不同不必强融。

不合适的圈子，没必要留恋

圈子不同的人，真的没必要在一起，强行在一起只会耗费彼此的心力，让彼此更加痛苦。

话不投机半句多，不是一类人就不要有交流，就不要有思想上的碰撞，圈子不同就是隔山隔海，相处起来会特别不舒服。

三国时，魏国的管宁和华歆是同窗好友，但他们的性格却完全不同：管宁对富贵荣华看得很淡泊，一心钻研学问；华歆却羡慕权势，不愿读书。

有一次，一个大官坐着车子路过，车子装饰十分豪华，管宁丝毫不为所动，依然照旧读书；而华歆则赶紧丢下书本出去看，回来后对管宁炫耀不停。

正全神贯注看书的管宁却越听越反感，他一把拔出随身带的刀，把两人同坐的席子割成两半，使两人分开坐，表示从此同华歆断绝朋友关系。

虽然管宁和华歆曾经是好朋友，但他知道两个人志向不同，与其继续在一起让自己痛苦，还不如果断结束这段情谊。

一个人最大的悲哀就是沉浸在别人的圈子里沾沾自喜，找不到自己的价值，聪明的人会摒弃以前的圈子，融入新的圈子，给自己注入力量。

与其泡在没有价值的旧圈子里，还不如早早明确自己的方向，如果我们足够有能量，足够发光，就会成为焦点，自己也会变成圈子本身。

圈子虽小，适合就好

社会心理学家曾经做过一项研究，一个人在一生中，同时交往的朋友数量极限，大概是10个、30个和60个。

简单来说，"朋友"这个概念再宽泛，能同时交往的也不会超过100个。其中，前10个人是最稳定的，后60个人是流动的，所以一个人这一生只要稳定好10个人就足够了。

简单来说，我们的圈子真没必要太大，只要舒服就可以了，太大的圈子反而会让我们更加痛苦，感受不到相处的快乐。

真正聪明的人，挤不进去的世界，不会强行挤进去。他们知道什么是适合自己的，知道与什么样的人相处。

人只有在适合自己的圈子里，才会过得更幸福。

一个人是什么样的人，身边就会遇到什么样的人，对方可能不够优秀，但相处起来却足够合适。有些人并不是越优秀越好，而是适合和自己相处才好。

人生很长，希望我们每个人都能找到适合自己的圈子，这样才能收获独属于自己的美丽风景，从而把生活过成自己喜欢的样子，不是吗？

第四节

抱怨身处黑暗，不如提灯前行

作家刘同的书《向着光亮那方》里写过这样一句话："抱怨身处黑暗，不如提灯前行。"

生活就是这样，每个人都有自己的黑暗时光，只要你不放弃，在黑暗中愿意提灯前行，那么就会迎来属于自己的光明。

就怕你身处黑暗的时候不想着去改变，而是自怨自艾，觉得自己是世上最苦的人，当你这么认为的时候，你的整个世界也就只剩下黑暗了。

暂时的黑暗并不可怕，可怕的是你没有面对黑暗的勇气，只知道抱怨命运的不公，抱怨自己的不幸，让自己一直身处黑暗中无法自拔。

任何时候都要知道，在黑暗中抱怨的人，永远不会有好的人生。

越抱怨，境遇越差

我有个朋友是一家公司的总经理助理。前几日一起吃饭时，她说了这样一件事：早上总经理叫她去办公室，让她把一名员工调到另一个部门。

朋友说："这个部门是公司最差的，调到这里一般就没有出头之日了。"

我问她为什么？

朋友简单地说："这人什么都好，就是太爱抱怨了。"在朋友的讲述中，我终于知道这名员工是什么样的人。

这名员工是公司的老人，凭着能吃苦的精神从基层一步步干上来，却因为抱怨又一步步降了下去。遇到问题，他首先想的不是改变，而是抱怨。

每天只要有机会说话，他就开始抱怨，这些年，他老是觉得自己亏，结果越抱怨，境遇越差。

他的抱怨，严重影响了公司其他员工，所以总经理发怒了。

生活中，有很多人就是这样，明明是自己的问题却不停抱怨，明明自己不努力，却觉得自己受到了天大的委屈。

朱子曾说："行有不得，反求诸己。"

没有成绩，前途一片黑暗，按理说应该奋力改变，想办法给自己镀金，然后实现自己的价值，但这些人却把所有的问题都归结为外部因素。

爱抱怨的人无法控制情绪，也不懂得自我调整，只是由着自己的性子来，他们不知道抱怨是一切关系的杀手，也不知道自己的坏情绪会让他人厌烦。

越没用的人，越喜欢抱怨

生活中爱抱怨的人，确实大有人在。考试失败，抱怨试题太难；工作失误，抱怨客户难缠……

抱怨的人，只需要动动嘴，就可以把自己的责任推得一干二净。减轻了自己的内疚感，让自己心安理得地浑浑噩噩，维持现状。

做事情不成功，遇到了挫折和困难，要从自己身上找原因，可他们却偏偏不从自己身上找原因，反而觉得自己是最倒霉的人。

一个人与其抱怨，荒废时光，还不如给自己提盏灯，照亮未来的路。

活在这个世上我们永远不要害怕没路可走，就像鲁迅曾说的："世上本没有路，走的人多了，也便成了路。"

有时候就算前途暂时黑暗，但也可以给自己提一盏灯，等你拨开云雾，一定会见到天晴，山穷水尽了，定然会有柳暗花明。

我们这一生最懦弱的行为就是只知道抱怨而不想去改变，这样就算拿了一手好牌也不会打出一个"春天"来。

未来的日子里，若是你能做到不抱怨，那么自然能让自己变得更加优秀，能更好地实现自我价值。

第五节

岭深常得蛟龙在，梧高自有凤凰栖

常言道：岭深常得蛟龙在，梧高自有凤凰栖。

立身行事，我们都想挤进优秀的圈子，以为只要能挤进去，我们的人生就会迎来质的提升，坦白来说，优秀的圈子对一个人来说确实重要。

可优秀的圈子并不是你想进去就能进去的，若是你自身不够优秀，那么优秀的圈子自然会把你排斥在外。

因此，一个人与其想尽一切办法进入优秀的圈子，还不如提升自己的能力，当你有足够的能力时，就能轻而易举进入这些圈子，得到更好的人脉了。

沉淀能力，方能成功

《后汉书》中有云："涓流虽寡，浸成江河；爝火虽微，卒能燎野。"

我们只有拥有沉淀自己的能力，才能让自己变得足够强大，从而吸引优秀的人，让自己的未来变得越来越好。

若是不想积累，总想着靠关系来改变，那么会输得很惨，只有一步一个脚印地沉淀下来，我们才会让自己变得更优秀。

我曾看过林徽因的故事，感触颇多。

林徽因在欧洲之旅中，接触到了西方的建筑学知识，当时的她便立志成为建筑师，在这个想法的驱使下，她与梁思成一同前往美国宾夕法尼亚大学留学。

本以为一切都会顺利，但没想到学校的建筑系不招女生，直接将她拒之门外。即便如此，林徽因也没有气馁，转而注册到美术系，靠选修学完了建筑学课程。

在这段时间里，她选择好好沉淀自己，最后凭借突出的才能，打破了学校的惯例，成功转到建筑系。

毕业时，她放弃在美国的大好前途，一步一个脚印走遍大半个中国，考察测绘了数百处古建筑物，并与梁思成共同编写了《中国建筑史》。

不仅如此，林徽因还改良了景泰蓝工艺，参与设计了新中国的国徽、人民英雄纪念碑等，成了一代建筑大师。

如果林徽因没有好好地沉淀自己，那么自然不会取得这么大的成就。

不论任何时候，只要我们能做到好好沉淀自己，踏踏实实地努力，就不需要拿出时间来混圈子，就能很好地实现自我价值。

你的实力，决定你的圈子

一个人有什么样的圈子，并不是靠运气决定的，而是靠实力决定的，倘若你没有实力，就算进入了优秀的圈子，依然无法实现自我价值。

优秀的圈子只适合优秀的人，若你不是优秀的人，那么再好的圈子又有什么用呢？

现代这个社会，如果你自身特别有实力，是不用刷存在感的，你的人脉是建立在实力的基础之上的，当你有实力了人脉自然会攀附而来。

我在网上看到这样一句特别有共鸣的话："在这个世上，你认识谁不重要，重要的是你想要成为谁。"

能力不足的人，就算与别人关系再好也依然没用；能力很强的人，不需要迎合别人的眼光，只需要做好自己就行了。

当你有本事展翅高飞，厉害的人自然愿意靠近你；若是你没本事，他们自然想远离你。

人生本就是一个舞台，希望你在这个舞台上有足够的实力，能和优秀的人同行，努力把自己活成一道光。

第六节

车无辕而不行，人无信则不立

古语有云：人无信而不立。

一个人活在世上，诚信是非常重要的，不管你身份如何，取得什么样的成就，只要不诚信，就很难走好未来的路。

诚信是一个人的名片，是我们立足于社会的根本，诚信就像车的轮子，就像大树的根基，没有了诚信，一切皆空。

有人说：信任就像手机里的最后一格电，你总以为还有很多额度可以供你挥霍，但等你发现电量不多的时候一切都晚了。

对此，我深以为然，一个没有诚信的人，是走不远的。

君子一言，驷马难追

孟子曾说："诚者，天之道也；诚之者，人之道也。"

由此可见，在社会中，诚实守信有多么重要，人生在世，我们要么不做出承诺，只要做出承诺就要兑现。

倘若做出承诺不去兑现，那么在别人眼里你就是一个没有诚信的人，他们不会再靠近你，而是选择远离。

诚信建立起来很难，但毁灭却是很容易的事，稍微不注意可能会让多年的信用毁于一旦，当你后悔的时候，已经晚了。

有这样一个故事，很好地诠释了诚信的重要性。

古时，济阳有个商人，在过河时，船因经不起风浪，沉了。他抓住一根杆子大声呼救。

有个渔夫闻声而至，商人喊："我是济阳最大的富翁，你若能救我，我就给你100两金子。"

被救上岸后，商人却翻脸不认账，只给了渔夫10两金子。

渔夫责怪他不守信。富翁却说："你一个打鱼的，突然得到10两金子，还不满足吗？"

渔夫只得愤愤离去。

不料几日后，富翁又一次在原地翻了船，他在水中挣扎求救，并再次承诺出100两金子的酬谢。周边的渔夫都知道富翁并非守信之人，这次富翁也就没有了上次的幸运。

对待承诺要谨慎，切不可一时冲动图嘴上痛快。轻易承诺若总是做不到，会降低信用，更会在别人心里留下一个不靠谱的印象。

富兰克林曾说："失足，你可能马上重新站立；失信，你也许永难挽回。"

君子之诺从不轻许，承诺要在自己的能力范围内，并说到做到。

承诺当玩笑，寸步难行

《中庸》里有这样一句话："诚者物之终始，不诚无物。是故君子诚之为贵。"

人生在世，我们要知道诚信对一个人来说意味着什么，它是一个人重要的品质，如果在人际交往中，你总是把诺言当空谈，把承诺当玩笑，那么你会很失败，未来的路也会寸步难行。

一个不信守承诺的人往往是一个人品不好的人，一个人如果人品不好了，就很难在这个世上生存了。

　　活在这个世上，我们会经历很多风雨，但只要活着，再多的风雨终究会过去，但如果信用没了，就很难拨开云雾见天晴了。

　　一个人事业出现问题还有补救的机会，但如果把承诺当玩笑，让自己的信用破产了，那么人生注定会失败。

　　往后余生，我们要知道信用的重要性，不拿承诺当玩笑，说到就要做到，这样才会有一个更好的人生，不是吗？

第七节

厉害的人，先从自身找原因

生活中有一类人，他们明明是自己能力不行，却偏偏怪路不平；自己没有实力，却怪别人不和自己相处。

人与人相处的本质是价值交换，如果你自己没有价值，就不要怪别人不愿意搭理你。

如果一个人总是不从自己身上找原因，觉得所有的问题都是外部的原因，那么很难走好未来的路。

真正聪明的人在能力不行的时候，是不会怪外部环境的，他们知道这是自己的问题。

厉害的人，从自身找原因

在这个世界上，真正有能力的人遇到问题从不会怪外因，而是懂得从自己身上找原因，他们知道之所以出现这样的情况，并不是因为外部环境不行，而是因为自己不够努力。

只有没本事的人才会把问题归结于外因，他们从来不会从自己身上找原因，明明是自己才能不足，却还抱怨怀才不遇。

曾国藩的弟弟曾国华就是这样的人，曾国华从小就有很高的天赋，全家人都希望他可以考取功名，光宗耀祖。

可惜曾国华考了很多次，最后都失败了，失败后曾国华并没有从自己身上找原因，而是拿外部原因做挡箭牌。

他先是怪自己运气不好，然后怪考官不懂得欣赏自己的文章，甚至还怪自己的妻子没有做好监督。

哥哥曾国藩知道他这样后，直接写信教育他，表示他考不上完全是因为自己没有努力，怨不得任何人。

人生在世，难免会遇到失败，很多人接受不了失败，实际上失败并不要紧，只要你能自我归因，思考总结失败的真正原因并积极改正，继续努力，那么成功就会悄然而至。

石油大亨洛克菲勒曾说过这样一句话："消极人士只会哀叹时运不济，明智的人绝不会停顿在对时运不济的哀叹中、抱怨中。"

如果一个人不能敢于面对自己遇到的挫折，无论遇到什么样的问题都会归结于外因，不去积极解决问题，那么他不会有好的人生。

能力不行，抱怨没用

很多时候，我们抱怨自己怀才不遇，觉得现在的工作根本配不上自己，只要给我们机会，马上就能一飞冲天。

实际上并不是这样，我们并不是没有机会，而是自己没有能力，因为没有能力，就算机会来了也抓不住。

一个人与其总是抱怨自己怀才不遇，还不如脚踏实地，努力提高自己的技能，这样才能拥有更多的机会，实现自己的人生价值。

若是遇到问题不懂得从自己身上找原因，总是好高骛远，觉得自己是最倒霉的人，那么只会让自己更加被动，失去原本应该有的机会。

能力不行的人从来不会从自己身上找问题，也不相信后果是自己造成的，更不会脚踏实地做好眼前的事，他们看似对自己的人生负责，实则一点也不负责。

虽然他们一直在寻找机会，但从未为这个机会做好应有的准备。就算获得渴望的工作，也会漏洞百出，彻底露馅儿。

往后余生，愿我们每个人都懂得提升自己的能力，不去怪路不平，这样才会有一个很好的前程，不是吗？

第四章

吃透处世的底层逻辑,日子过得风生水起

第一节

虚荣作祟难自在，为面子受苦似无辜

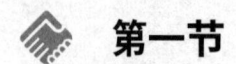

常言道，虚荣作祟难自在，为面子受苦似无辜。

初涉职场，我们似乎特别在乎面子，觉得面子对自己来说非常重要，实则并非如此，面子只是一种自我感受，它是人们虚荣心作祟的结果。

面子会使人们贪慕虚荣，盲目攀比，疲惫不堪，让你把日子完全过成自己讨厌的样子，当你放下面子，不去考虑那么多时，自然会拥抱属于自己的快乐。

如果你为了面子不管不顾，就算最后赢得了面子，也会输得很惨。

一个人只有做到别太注重面子，不被虚荣心绑架，才能把日子过得风生水起。

放下面子，才有里子

人活着，有多大碗就吃多少饭，没必要为了面子而毁了自己的幸福。

在这个世界上，面子不能当饭吃，太注重面子了，只会让自己伤痕累累，只有做到不太注重面子，日子才不会过得太痛苦。

《后汉书》记载了这样一个故事。

一次，刘秀大宴群臣，大司空宋弘发现宫室内新添置的屏风上画的全是漂亮仕女，而刘秀时不时心不在焉地回顾。

于是宋弘故意道:"吾未见好德如好色者。"

这等于是当面讥讽刘秀好色,脾气大点的人估计都会当场发作,何况帝王之尊。殿上群臣大眼瞪小眼,不敢作声。

哪知道刘秀并没有动怒,反而欣然听谏,命左右侍从马上把屏风撤去,还笑着对宋弘说:"闻义则服,可乎?"

宋弘回答:"陛下进德,臣不胜其喜。"

真正成熟强大的人,不会因为面子而让事情变得更糟糕,他们会为了达到自己的目的而选择放弃面子。

关于面子,作家亦舒曾说:"面子是一个人最难放下的,又是最没用的东西。当你越是在意它,它就会越发沉重,越发让你寸步难行。"

真正厉害的人从来不会为面子而丢了里子,因为他们知道面子虽然重要,但是里子更重要。

里子事大,面子事小

一个人若是太看重面子,可能就不会得到自己想要的东西,甚至会成为一辈子的遗憾。

在人际交往中,我们能得到面子固然好,若是得不到面子也没有什么,只要自己的生活不受影响,只要能把日子过成自己喜欢的模样就行了。

太注重面子,只会让自己的路越走越窄,一生与成功无缘,真正做大事的人从来不会过多考虑面子。钱锺书在《杂言关于著作的》说:"有自尊心的人应当对不虞之誉跟求全之毁同样的不屑理会。"

这世上,越是能力强的人越不会在乎面子,因为他们知道这样做根本没用，与其花时间去维护面子，不如提升自己的里子。

　　人这一辈子最大的愚蠢就是为了面子放弃里子，因为这样做虚有其表，毫无内涵，我们与其向外追寻面子，不如向内回归本心。

　　未来的日子里，你若是能放下无谓的颜面，低头踏实地做事，那么人生才能走得更远，活得更自在。

第二节

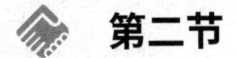

懂得拒绝，活得不纠结

生活中，我们会遇到一些不断消耗自己的人，他们会不断对我们提出要求，若是我们做不到或是拒绝了他们，他们就会更加肆无忌惮地麻烦我们。

和这样的人相处，你越是不好意思，对方越任性，会给你带来越多的烦恼。我们与其这样让自己痛苦，还不如果断拒绝，至少这样不会更痛苦。

在人际交往中，一个人若是能学会合理拒绝，那么就能减少很多不必要的麻烦，就不会浪费大量的时间和精力。

拒绝别人看似是一种无情，实际上是对自我的保护，只有做到合理拒绝，人生的路才会更加好走。

不懂拒绝，是一场灾难

在这个世上，有太多的人我们完全没必要去理会，他们不会给我们提供任何帮助，只会肆无忌惮地从我们身上谋利。

对这样的人倘若你不懂得拒绝，那么就会被他们拖垮，让你的人生更加艰难。

《人间失格》这本书相信不少读者都看过，在这本书中，叶藏是不懂得拒绝的，正是因为不具备拒绝的能力，他的生活才会过得一团糟，进而失去活着的希望。

因为不懂拒绝，不过是点头之交的堀木问他借钱，叶藏想也不想，只要自己兜里有钱，就会掏出来给堀木；因为不懂拒绝，叶藏选择和恒子一起跳海殉情，对方不幸去世，他却幸运地活了下来；因为不懂拒绝，为了戒酒，他去药店买药的时候又被药店老板娘怂恿，染上了毒瘾。

简单来说，如果叶藏能做到拒绝，那么自然不会偏离了自己的人生轨道，更不会丧失了做人的资格，他当起了小白脸，和娼妓、寡妇、酒吧老板娘们厮混在一起，更不会找不到自己的未来，也不知道自己的未来在哪里了。

作者太宰治借书中人物道出了主人公悲剧命运的症结所在："我的不幸，恰恰在于我缺乏拒绝的能力。我害怕一旦拒绝别人，便会在彼此心里留下永远无法愈合的裂痕。"

倘若我们因为害怕别人，而选择一步步地退让，一次次地妥协，那么最终的结局就是让自己活得更加痛苦。

在人际关系中，我们不能因为不好意思拒绝而委屈自己，否则我们的日子会过得特别糟糕。

拒绝是一种权利

生活中，我们会找到寻求自己帮助的人，这时候如果你想帮，那么就去帮，若是不想帮直接选择拒绝就行了。

本来，对于帮忙这件事，帮是情分，不帮是本分。若是你明明不想帮却还选择违心帮，那么就是和自己过不去。

面对请求，千万不要害怕拒绝，因为这是你的一种权利，一个人只有做到合理拒绝，才会活得不纠结。

作家三毛曾写过这样一句话:"不要害怕拒绝别人,如果自己的理由出于正当,因为当一个人开口提出要求的时候,他的心里根本预备好了两种答案,所以给他任何一个其中的答案,都是意料中的。"

不懂得拒绝,说到底就是和自己过不去,就是自讨苦吃。

人生太短,面对别人的要求我们要量力而行,不能无条件地答应,这样我们才会拥有高质量的人生,不是吗?

第三节

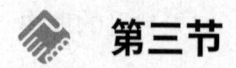

生活要过好，脸皮先变厚

我们这一生，很多人把面子看得比什么都重要，实际上面子在谋生面前根本不值一提，太注重面子、脸皮太薄的人很难过上自己想要的生活。

一个人要想过得好，想拥有好的人生，就要先做到脸皮厚。

做人做事，我们真的没必要不好意思，若是在人际关系中你这也不好意思，那也不好意思，那么痛苦的只能是你自己了。

任何时候都要知道，这个世界上没有任何人和事值得你委屈自己。若是要面子会让自己痛苦，那么这样的面子不要也罢。

脸皮厚的人，更容易成功

待人接物，我们要知道，面子是小事，让自己变好才是大事。如果放下面子，脸皮厚一点能让自己的生活变好，那么为什么不去做呢？

当你自己有这个实力的时候就要展现出来，而不要不好意思，你的不好意思只会让自己失去更多。

我曾看过一个撒贝宁的专访，特别有感触。

撒贝宁刚进北大时，学校广播台正在竞选台长，给出的要求是既要普通话标准又要当过播音员，当时这两个条件撒贝宁一个也不符合，甚至普通话都说得有些蹩脚。

这要是换作别人可能就算了，但撒贝宁却高高举起了自己的手，由于旁边的同学一个个都扭扭捏捏，不好意思竞选。最终撒贝宁成了现场唯一一个举手的人，也顺利当选了广播台长。

后来快毕业时，他看到了《今日说法》的招聘信息，立刻就报了名，不承想却因为一些意外，错过了面试时间。

一般人可能就听天由命了，但是撒贝宁并没有，他先是想办法找到了制片人的电话号码，诚恳地道歉后，便疯狂地推销自己。

在他的这份坚持下，制片人决定破例给他一次机会。在第二次面试中，撒贝宁表现优异，成功被录取，再后来成为央视顶梁柱之一。

如果当时撒贝宁脸皮不厚，那么自然也就抓不住机遇，更何谈后来的成功呢？

面子真的不会给我们带来什么，我们只有抛开面子，脸皮厚一点，人生之路才会走得更顺畅。

脸皮厚的人，所向披靡

人人都想要好的生活，可是最后却被命运无情地打入谷底，为什么会这样呢？说到底就是因为脸皮不够厚。

脸皮太薄，害怕丢人的人怎么可能会赢得掌声呢？又怎么能走好未来的路呢？

一个人只有做到不把面子看得太重，才会变得更加自信，才会更有勇气迎接世界的挑战，从而让自己变得更加优秀。

活在这个世界上，脸皮厚一点并不是什么难事，关键看你想或者不想，正如有位名人所言："绝大多数，自己认为没有面子之极、不知如何下台才好的事，在人家看来，根本不是什么严重的事。"

真正厉害的人不会把面子看得很重，在他们眼里面子不过是无能者的遮羞布，他们会厚着脸皮想办法过上自己想要的生活。

往后余生，愿我们每个人都能脸皮厚一点，抛开自己的自尊心，不要把面子看得太重，这样我们才能拥有更好的人生。

第四节

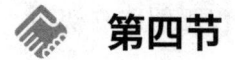

聪明的人，拿得起也放得下

有人说，喝茶只需要两个动作，先拿起来然后再放下。

喝茶是这样，人生何尝不是这样呢？人生路漫漫，我们会遇到很多烦心事，遇到了就要坦然面对，拿得起也要放得下。

很多人之所以过得不幸福，就是因为拿得起放不下，喜欢给自己添堵。

人活在这个世上有些事情不必纠结，有些人也不必纠缠，顺其自然最好了，就像茶一样，沉时坦然，浮时淡然。

唯有如此，我们才能静心享受其中，拥有一个好的人生。

拿得起也要放得下

古语有云："舍，就是得，不舍，哪有得，放下，便得自在。"

活在这个世上，无论我们遇到什么样的事，都不要太过于较真，否则痛苦的只能是你自己，因为你越是较真，就会越累。

越是计较放不下，就会越痛苦。

很多人和事并不会像我们想的一样，我们想的和最后的结果可能完全是两个样子，既然是这样，那就要学会接受。

懂得拿得起放得下、不去计较的人才是真正的智者。一代谋圣张良就是这样一个人，他前半生拿得起，后半生放得下。

在辅佐刘邦建立汉朝之后，张良便选择了放下，在汉王朝建立初期，刘邦论功行赏，将领们日夜不休地争论功劳大小，唯独张良坐一旁微笑不语。

当时刘邦本想封他三万户之地，但张良并不愿意，他表示自己只想舍弃尘世去云游四海。

这要是换作别人，可能早就接受封地及时享乐了，可张良却没有，他知道自己想要什么，知道什么样的生活才适合自己。

我曾看过这样一句话，深以为然："红尘诸事，离不开名利二字，唯有不争，自在人间；唯有拿得起放得下，才会避去了事端。"

可是大多数人并不明白这个道理，拿得起却放不下，不能像茶一样沉时坦然，浮时淡然，怎么可能会有一个好的人生呢？

得之我幸，失之我命

不知道你有没有发现，很多时候，我们会对生命中那些不愉快的经历耿耿于怀，完全感受不到生命中的美好。

这样说到底就是和自己过不去，就是给自己徒增负累，与其执着让自己痛苦，不如一笑置之，学会放下。

人生原本就是一个不断得到和失去的过程，此生若是能得到则好好珍惜，若是得不到则要用心释怀。

我们都想要最好的人生，可我们总是忽略人生的美好，让自己活在痛苦中。

有人评价老作家杨绛的一生时说："世间最好的人生，是你不索取、不攀附、不低眉，却能活得最贞静、最优雅、最安然。"

其实真的是这样，我们活的都是一个心态，若是调整不好心态，放不下内心的杂念，那么只会让自己的内心感到迷茫和痛苦。

若是能调整好心态，该放下的就放下，如茶一样沉时坦然，浮时淡然，那么怎么可能不会有一个好的人生呢？

世间万物，有失才有得，懂得放下才能更好地拿起来，不去计较，放过自己，幸福才会悄然而至，不是吗？

第五节

会哭的孩子有糖吃

在这个世界上,会哭的孩子有糖吃,不会哭的孩子则很难有糖吃,根本得不到别人的关爱。不会哭的孩子,说到底就是因为太懂事,因为太懂事把自己的糖都分给了别人,甜了他们却苦了自己。

懂事本是一件好事,但最怕的是你的懂事让自己受到更大的伤害。

以前,总以为只要懂事一点,得到的关爱就会多一点,可长大后才发现,越懂事越没有人理睬,自己的懂事只是感动了自己,委屈了自己罢了。

太懂事,只会伤害自己

不知道你有没有发现,我们顾及别人,害怕别人生气,尽量把事情处理圆满,可顾及来顾及去,却没有人愿意顾及自己。

太懂事,真的是一种悲哀,一个只考虑别人而委屈自己的人怎么可能会活得幸福呢?

很多懂事的人舍不得吃舍不得穿,总是把最好的留给别人,但是到头来他们却遭到别人的嫌弃,付出全部却得不到对方的认可。

任何时候我们都要知道,太懂事伤害的永远是你自己,你从来没有从内心尊重自己,那么又怎么可能得到别人的尊重呢?

太懂事的人就是丧失了自我,一个丧失自我的人,只会得不到认可,只能与幸福擦肩而过。

有位哲人曾经说过这样一句扎心的话:"说'我爱你'的人一定先有一个完整的'我'字,倘若没有'我'字,我爱你也就不存在了。"

一个人只有先考虑自己,才能更好地拥抱幸福,否则只会让自己更痛苦。

余生,愿你不懂事

无论在工作还是生活中,如果你太懂事,遇事不会哭,那么就得不到别人的关心和安慰。

因为懂事,你帮助别人,觉得为别人倾尽所有都是应该的;因为懂事,你不能索取,在别人眼里你无所不能,所以寻求帮助就是矫情。

我曾看过这样一句话,特别有共鸣:"你总是帮人100分,当有一天你只肯帮80分,他便会清空你所有的恩,觉得你这个人太自私,宁愿选择只帮他70分的人做朋友。"

这是人性,我们改变不了,只能怪自己太懂事。

为人处世,千万不要付出所有,因为你的付出换不回别人的关心,你要留一些骄傲与心疼给自己。

不要和不理解自己的人在一起,因为会特别累,与其让自己深陷痛苦中,还不如一个人活得洒脱,要把付出留给在乎自己的人,这样才会活得更幸福。

不要以为不懂事,对方就不会在乎你,实际上并非如此,因为爱你的人不怕你提要求,却怕给你的不够。

如果你非得懂事,故作坚强,那么最终伤害的永远是你自己,余生很长,千万不要太懂事了,否则真的不会有人疼你。

无论如何一定要记住，太懂事的人，没人注意；太懂事的人，更没人心疼。一个人越是不懂事，越是会哭，越有糖吃，越有人爱。

往后余生，愿我们每个人都不要太懂事，不要为了别人委屈自己，只有这样，我们才会活得更幸福，不是吗？

第六节

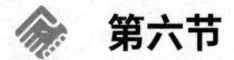

活得通透的人，懂得接纳自己

王阳明曾说，人生最大的智慧就是我与我和解，我与我周旋。

人生在世，我们难免会遇到困惑、烦恼、挫折、冲突。这些会给我们的人生带来很多的痛苦，完全感受不到生命中美好。

每个人都想要好的生活，都希望自己是一个成功人士，有宽敞的房子、豪华的车子，有可观的存款，最好还有一定的社会地位，可有时候就算很努力结果也不尽人意。

既然如此，我们又何必强迫自己呢？在人生这条道路上，学会接受自己，与自己和解才是最重要的。

作为万物灵长的人，我们要做到自己成全自己，这样才能更好地拥抱幸福。

幸福很简单，别上太多枷锁

人生在世，祸福相依，孰多孰少，不得而知，有时我们追求幸福，却很难得到幸福。

由于不幸福，我们便抱怨连天，觉得命运真是不公平，觉得自己是这个世界上最倒霉的人，我们总想让自己大放光芒，可到最后却要接受现实，做个最平凡的人。

其实，平凡没什么不好，你只有从内心接受自己，才会摒弃痛苦，拥抱快乐。

这一点，大诗人苏东坡就做得非常不错，当然他也得到了幸福。

1080年，苏东坡因乌台诗案被贬黄州。一时之间，他从高高在上的天之骄子沦落为弹丸之地的小官一名。

面对身份地位的落差，刚开始苏东坡不知道如何开始新的生活。后来他脱下文人的长袍方巾，换上农人的芒鞋短褐，从文人变成了一个农夫。

他也从最初的不知所措，到一步一步地学除草、播种、施肥，他开始摸索到了耕种的门道，也品尝到了劳动的快乐，获得了成就感。

如果很累，请学会放过自己，否则你注定会在痛苦中度过一生。表演大师卓别林说："以我的方式，过我的生活，我把这叫作幸福。"

幸福本来就很简单，只是我们给它上了太多的枷锁。

人生不过是一次短暂的旅行，在这场旅行中为什么不拥抱快乐呢？那些看不开的事情就让它烟消云散吧。

活得通透的人，会接纳自己

人生那么短，我们真的没必要和自己过不去，要学会与自己和解，用自己的方式过想要的生活，这才是最明智的。

我们总是羡慕活得通透的人，却没有发现越是活得通透的人越会无条件地接受自己。

人活着真的没必要想得太复杂，也没必要逼迫自己，因为这样做痛苦的只能是自己。人生很长，我们要学会欣赏自己。

一个人只有做到欣赏自己，不逼迫自己，才能把日子过成自己想要的样子。

关于生活，有位哲人曾说："我们曾如此渴望命运的波澜，到最后才发现，人生最曼妙的风景，竟是内心的淡定与从容。"

往后余生，请学会与自己和解吧，那些曾经的不甘、过往的委屈，以及受过的苦难都会过去，你终究会感受到什么才是真正的幸福，终究会过上诗意的生活，不是吗？

第四章 ◎ 吃透处世的底层逻辑，日子过得风生水起

第七节

行有所止，欲有所制

古人说："多欲则险。"

这句话的意思是如果一个人内心的欲望不断放大，就会遇到凶险，最终会吞噬自己。

由此可见，欲望是非常可怕的，一个人若是能控制住自己的欲望，那么自然可以在物欲横流的世界中得到满足，守得清欢。

人生在世，我们应当学会给思想做加法，给欲望做减法，只有这样我们才能活得简单又快乐，把日子过成自己想要的样子。

克制欲望，才能成就自己

行走在人世间，我们每个人都有欲望，有欲望不一定是坏事，但如果欲望太大，我们控制不了欲望，反被欲望控制，那么就麻烦了。

古往今来，但凡有很大成就的人都是能控制欲望的人，他们知道自己想要什么，为了实现自己的人生价值，他们不会被欲望扰了心智。

我曾看过一个关于刘邦的故事，也终于明白刘邦为什么会成为一代帝王了。

公元前207年，刘邦率大军直捣咸阳。他于咸阳宫前拾级而上，眼前尽是一座座雕龙画凤的宫殿，琳琅满目的奇珍异宝四处摆放，六国美女也尽收于此。

市井流氓出身的刘邦，从来没见过这样的阵仗，他觉得这一切仿佛是在做梦，本来他想好好地享受，但最后还是克制住了内心的欲望。

为了完成自己的霸业，刘邦面对成山的金银财宝分文不取，面对如云的后宫佳丽也不曾染指一个。

公元前202年，刘邦称帝以后，没有沉溺于享乐中，也没有迷失于万人之上的权力中，而是控制欲望，勤勉于政事，他让萧何制定律令，让韩信重理军法，让陆贾编《新语》，最终成了伟大的帝王。

如果当时刘邦没有克制住自己的欲望，而是选择贪图享乐，那么大汉朝可能很快就结束了。

一个人面对层出不穷的诱惑，如果不能很好地控制，最终会成为欲望的奴隶，很难实现自己的人生价值。

控制住欲望，就能过好这一生

世上本无事，庸人自扰之。控制不了欲望，那么我们就会忽视当下的幸福，就会让自己活在痛苦中。一个人要明白自己想要什么，要为了这个想要的东西去努力，而不是让欲望绊住脚。

若是你已经有了房子和车子了，还想追逐更奢华的，从来看不到自己拥有的东西，看到的都是别人拥有的东西，试问这样的人怎么可能会幸福呢？

有欲望是人之常情，但我们要学会控制欲望，这样我们才能得到更多的幸福。

倘若我们被欲望控制，那么是很难看到身边的幸福的。就算这份幸福是特别耀眼的，是别人心心念念的，我们也意识不到。

欲望无度是一种无休止的折磨，被欲望控制的人只会迷失自己，让自己活得越来越痛苦。

当一个人被欲望控制住了,那么他就做不到知足常乐了,就会把生活弄得一团糟,好日子自然会离他而去,他也很难过好这一生。

任何时候我们都要知道,只有懂得知足常乐,珍惜当下的时光,学会控制欲望,才能更好地拥抱幸福,不是吗?

第五章

懂得避开社交陷阱，才是真正的通透

第一节

不值得深交的几类人

俗话说，画人画虎难画骨，知人知面不知心。

在人际交往中，我们会遇到很多人，有的人能真心相处；有的人则虚情假意，真诚的外表下掩盖着虚伪的灵魂。

和真诚的人相处，舒服自在；与虚伪的人相处，如坐针毡。

诚然，交往初期，我们很难判断一个人是真心还是假意，但时间会给出答案。虚伪、心眼坏的人身上会有痕迹显露，假的永远是假的，就算伪装得再好也是假的。

如果在人际交往中，对方身上有这几种痕迹，最好不要深交，否则会给自己带来巨大的伤害。

落井下石，忘恩负义

常言道，危难时候见真情。

一个人到底是否值得交往，不是看你飞黄腾达的时候，而是看你落魄的时候，这时对方是不是真心的就一目了然了。

喜欢落井下石的人心眼特别坏，他们虽然嘴上说得特别好听，但巴不得你出问题，一旦让他得势，定会把你狠狠踩在脚底。

就算你曾经待他不薄，但他从不会记恩，甚至会把你的好心当成轻蔑的施舍。

他们心狠手辣，脸上总是一副谄媚相，只要你比他们过得好了，他们定会在你落难的时候火上浇油，这样才会舒服。

身上有这种特征的人，就算关系再好，也要及时远离，这才是对自己最大的保护。

挑拨离间，造谣生事

常言道，眼睛识人面，时间识人心。

在人际交往中，有一类人特别喜欢挑拨离间，他们在与人相处的时候，会通过制造矛盾来达到自己的目的。

这类人利益心特别重，在他们的眼里只有利益没有朋友。

当他们看到你和别人相处得很好时，就会心生嫉妒，挑拨离间。虽然从表面来看，他们说得特别真诚，但其实都是假的。

如果你轻易听信他们的谎话，那么他们的目的就达到了。

热衷于在人际关系中制造纷争和不安的人，脸上的表情极为不稳定，他们甚至不敢正视你，害怕你发现他们的伎俩。

他们在你面前摆出一副无辜者的姿态，但背后却造谣生事，你把他们当真心的朋友，他们却只想从你身上获得利益。

对于这样的人，你永远不要相信，一旦你相信了，就会让自己受到伤害，他们从来不考虑感情，只考虑利益。

《心理罪》中有这样一句话："人心犹如一个黑洞，人看不见摸不着也猜不透，它可以很善良，但也可以很恶毒。"

在人际交往中，一旦你发现自己身边有这样的人，远离才是明智的选择，这样才不会让自己吃大亏。

往后余生，我们与人交往一定要擦亮自己的眼睛，唯有如此才不会让心眼坏的人的目的得逞，才能安安稳稳把日子过成自己喜欢的样子，不是吗？

第二节

表面关系再好，也要时刻提防

活在这个世上，没有人能活成孤岛，既然无法独自存在，就必然会和别人产生联系，只是人心复杂，很多时候我们无法分清谁是真心谁是假意。

有些人表面对你客客气气，背后却总想着使坏，倘若你把真心交给这样的人，那么最后痛苦的只能是你自己。

在人际关系中，我们要看对方是什么样的人，如果对方是真心的，我们自然也要拿出真心，唯有如此，彼此关系才会更长久。

人生在世，我们不能有害人之心，但也不能没有防人之心。

在交往的过程中，如果你发现对方有以下这三种特点，那么他其实只是表面对你好，实则面善心黑，只有做到马上远离，才是对自己最大的保护。

喜欢搬弄是非

生活中有些人真的特别可怕，他们特别喜欢搬弄是非，你明明不是这个意思，但他却跟别人说你就是这个意思，让别人误解你，挑拨你和别人的关系。

这样的人和你交往的时候，总是会摆出一副对你好的姿态，心里实则特别讨厌你，装出来对你好只是为了麻痹你。

人活一世，远离搬弄是非的人才是最明智的，就像有句话说的那样："面对挑拨离间的人，最好远离，今天当着你的面，说他不好；明天就能当着他的面，说你不好，要知道，来说是非者，必是是非人。"

如果你不远离这样的人，那么他会继续在背后乱嚼舌根，给你造成更大的伤害，等你彻底明白的时候，可能就晚了。

喜欢打感情牌

在相处的过程中，有些人特别喜欢打感情牌，他表面对你特别好，但实际上并不是真的想对你好，只是想利用你而已。

也就是说他对你好是因为你有利用价值，一旦你没有利用价值了，他也就不会这么对你了。

关于打感情牌，网上有句话说得很好："和你打感情牌的人，往往另有所图，他们在乎的是自己的利益，利用对你的感情能获取多少利益就算多少，你的感受和得失对他来说根本不重要。"

如果在交往的过程中，你一旦发现对方是这样的人，就要果断远离，因为真正把你当朋友的人会站在你的立场思考问题，不会轻易用感情说事，更不会强人所难。

喜欢阿谀奉承

任何时候都要知道，对你阿谀奉承的人从来不是真心实意的人，他们之所以奉承你是因为有利可图，想从你的身上得到自己想要的东西。

如果这个时候你因为对方的奉承而乱了方寸，那么吃亏的就是你自己了。

这样的人虽然嘴上会把你夸得天花乱坠，但实际上在心里压根儿就没把你当回事，甚至会盼着你出丑，你过得越惨他就会越开心。

阿谀奉承的人真的特别可怕，与这样的人交往会给自己带来巨大的麻烦，他们堆满笑的脸上往往藏着不可告人的目的，就像有句话说的那样："喜欢阿谀奉承的人，往往都是唯利是图的人，他们与人交往的目的性很强，甚至会为了达到目标不择手段。"

人生不过短短几十年，因此在与人交往的时候我们要擦亮自己的眼睛，一旦发现对方有这三种特点，就要马上选择远离，这样才能不会受到伤害，才能把日子过得更加精彩。

第三节

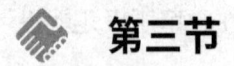

遭人算计，翻脸不如远离

在这个世界上，有君子，自然也就有小人，面对君子我们可以坦诚相处，但面对小人，则要小心提防。

小人之所以是小人，是因为他们做事从来不会光明正大，而是喜欢玩阴的。

与这样的人相处，稍有不慎就会被算计到，一旦发现自己被算计了，大多数人的第一选择是翻脸，或者把对方揍一顿来出气。

这样做，表面来看好像解了心头之恨，殊不知中了对方的圈套，对自己没有任何好处。那么被人算计了，除了翻脸，我们还能怎么做呢？

选择远离，及时止损

真正聪明的人一旦发现自己被算计了后，会客观冷静地分析，基本不会冲动做事，因为他们知道，冲动解决不了任何问题。

他们知道与其冲动让事情变得更加糟糕，还不如冷静下来，寻求解决的办法。

喜欢算计别人的人说到底就是十足的小人，对于这样的人我们最好要做到远离，尽量不要和他们一般见识。

选择冷静沉默并不是懦弱，而是及时止损，不让自己陷入是非之中。

网上有这样一句话，我很有感触："对付喜欢算计人的小人，就像对付没有烧透的煤：碰碰，才会燃烧；晾着，自然就灭了。"

被人算计，无论任何时候我们都要保持理智和清醒，冷静分析问题，否则可能因为情绪失控而做出让自己后悔的事情。

对于不怀好意的人，我们没必要害怕关系出问题，这样的人根本不值得我们用心与之交往，否则吃亏的永远是自己。

适当教训，注意分寸

当我们发现被算计了，完全可以做到不露声色，但这并不代表我们怕了，可以适时给他们一点教训。

当然，这教训最好要把握个度，要让对方感觉到疼但还不能太疼，否则他们有可能会狗急跳墙，直接做出伤害你的事。

适当教训，是明确告诉算计我们的小人，我们已经知道他们的行为了，之所以不给予狠狠的教训，不过是因为给他们一分脸面罢了。

这种情况下，算计你的小人就会有所收敛，因为他已经知道你并不是好惹的。

常言道，穷寇莫追。因此，把算计我们的人逼得太紧，可能会发生不可控的事，到时候后悔就来不及了。

及时复盘，总结利弊

有些人无论在工作中还是生活中，总是被喜欢算计的小人盯上，而有些人则完全成了他们的绝缘体。同样出身背景，为什么会出现截然相反的两种情况呢？

这个时候，我们就要从自己身上找原因了，弄清楚自己为什么总是招惹小人。

倘若我们发现是因为自己锋芒毕露，导致小人嫉妒，那么就要及时收起自己的锋芒；倘若我们发现是因为自己喜欢炫耀，让小人心理不平衡，那么就要尽量不要炫耀。

真正聪明的人在遇到小人后，会及时复盘，弄清楚原因，不会让自己糊里糊涂的，就像网上有句话说的那样："遭人算计之后，只有弄清原因，才不会让自己陷入无序、抓狂的情绪中，自我的损失才不会越来越大。"

一个人也只有及时复盘、总结利弊，才能跳出局外，看清楚原因。

往后余生，愿我们每个人都能懂得这些对付小人的技巧，远离他们，只有如此，我们才不会把自己的人生过得一塌糊涂。

第四节

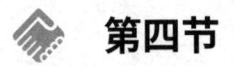

聪明人的"报复"方式

与人交往，受到伤害是很正常的事情，有的人会完全不顾你的感受，给你带来莫大的委屈。

被伤害以后，有些人喜欢把委屈藏在心里，以为只要自己能忍一时，那么后面就会风平浪静，不会出大问题，殊不知，你越是忍，对方越肆无忌惮。

也有的人直接选择翻脸，最后让原本不错的关系变得支离破碎，彼此再也不来往。

其实，对于伤害自己的人，我们与其选择忍让与翻脸，还不如想办法让自己变得更优秀，暗中做好这几点，就是最好的反击。

控制情绪，顺其自然

这世界上没有永远的王者，没有人的一生会一帆风顺，在你辉煌的时候，有些人可能极尽谄媚，想方设法靠近你。

可一旦你落魄了，对方可能会嘲笑你，甚至做出伤害你的事情。

这个时候，你要控制自己的情绪，千万不要和对方理论，因为此时的你是人在屋檐下，已不再是从前。

人无千日好，花无百日红。

世上没有人会一直辉煌下去，人活一世要做到不以物喜不以己悲，唯有如此，才会收获一个别样的人生。

一个人越是身在低谷，越要调整好自己的心态，要把对方的伤害当成前进的动力，一旦你有这样的心态了，那么定会东山再起。

默默提升，超越对方

如果一个人总是伤害你，那么至少证明于他而言你是一个弱者，因为你比他弱，所以他才不会把你当回事。

这个时候，倘若你想在对方面前刷存在感，那么则会吃力不讨好。

想让对方瞧得起你，唯一的办法就是努力提升自己，尽量拉开和对方的层次，一旦和对方不是一个层次的人了，他就很难再伤害到你了。

总是伤害你的人，心理是扭曲的，他所看到的永远是别人的不好，而不是好。

当你变得足够优秀，那么他对你的伤害根本不值一提，你自然也就轻轻松松"报复"了，也就能让自己的人生过得更精彩了。

果断选择，不要留情

我们都知道世上很多事情当断则断，不断则乱。

其实不单是事，人与人之间的关系也是这样的，如果对方总是伤害你，那么你就要果断和其保持距离了。

虽然表面上不用翻脸，但要在心里和对方翻脸，千万不要犹犹豫豫，否则受到伤害的只能是自己。

常言道，物以类聚，人以群分。你是什么样的人就要和什么样的人交往，没必要为了所谓的面子给对方留情面。

任何时候都要知道，我们的感情很贵重，要留给值得的人，若对方根本不在乎这段感情，总是欺负我们，那么就没必要与其捆绑在一起了。

人生不过短短几十年，我们要拿真心去换真心，而不是拿真心去换假意。

未来的日子里，如果遇到伤害自己的人，我们也要冷静下来，尽量让自己变得更好，只有这样，我们才会拥有不一样的人生。

第五节

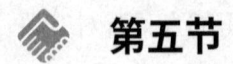

城府很深的人，要懂得保持距离

人活一世，不可能独立而存，会和各种各样的人发生交集。

由此可见，在人际关系中，和什么样的人相处非常重要，若是遇到真诚的人，能更好地实现自我的价值；若遇到城府很深的人，未来的路可能会走得步履维艰。

一般而言，我们无论如何都不要和城府很深的人走得太近，因为这样的人特别有心机，让人捉摸不透，一旦与之深交，会让自己吃大亏。

那么城府很深的人，会有什么样的特征呢？

喜怒不形于色

在这个世界上，每个人都有自己的情绪，只是有的人喜欢把情绪挂在脸上，有的人喜欢藏在心里罢了。

情绪挂在脸上的人是特别单纯的人，这样的人做事直来直去，不懂得掩饰，在人际交往中往往会给自己带来很大的麻烦。

情绪藏在心里的人是城府特别深的人，他们喜怒不形于色，你很难从脸上的表情判断他们的情绪，完全猜不透他们的真实想法。

正如刘慈欣在《三体》中写的那样："如果你的城府真够深，那就不能显示出任何城府来。"

诚然，和城府很深的人相处会让你特别舒服，但这一切都是假象，因为他们表面虽然会迎合你，但心里却完全不是这样想的。

如果在人际交往中，你发现看不透对方，无法猜透对方的所思所想，那么你就不要对其真心流露了，你的真心他根本不会珍惜。

如果不听，那么最后的结果定是被卖了还在帮他数钱，这个时候，后悔就来不及了。

颠倒黑白装无辜

在人际交往中，有些人表面看起来人畜无害，实则城府极深，他们特别喜欢颠倒黑白，只要有利于自己的就是白的，对自己无利的就是黑的。

这样的人完全没有底线，一切都以利益为主。

一旦你和别人的关系遇到问题，很可能就是他从中挑拨的，你若是找他理论，他则会通过赌咒发誓，装无辜来证明自己。

倘若你被其表面迷惑，依然选择相信，那么定会被狠狠伤害。

因此，如果我们遇到一些颠倒黑白的人，需要保持清醒的头脑，做出理性的判断，只有这样才不会让自己受到伤害，才是对自己最大的保护。

善于奉承没有真话

城府深的人是善于说好话的，他知道你喜欢听什么，在与你交往的过程中，会说尽好话，让你卸下所有的防备。

他们特别懂得投其所好，需要你的时候，会把自己的姿态放到最低，会想尽办法榨取你的价值；不需要你时，会毫不犹豫把你踢开，不留一点情面，虚伪至极。

在交往中，如果你发现对方总是奉承你，那就要小心了，否则就会面临巨大的危险，就像有句话说的那样："善于奉承的人喜欢用表面的伪装来接近你，背后却会用最恶毒的行为来伤害你。"

人活一世，害人之心不可有，防人之心不可无。任何时候都要知道，人生很短，不是任何一个人都值得我们推心置腹。

在未来的日子里，愿我们的真心能换来并肩作战的真朋友，而不是只想伤害我们的假朋友。

第六节

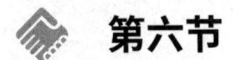

不做是非事，不谈是非人

古人云："不做是非事，不谈是非人。"

这话说得非常好，意思是说聪明的人不会介入是非之事，更不会口出恶言，做出过激的行为。

我们不是独立的个体，既然生活在这个世界上，难免会和不同的人交往，在交往的过程中就会产生一些摩擦和矛盾。

倘若让自己置身矛盾内，总是做一些是非事，那么自己也就成了是非人。

不做是非事，不谈是非人是一个人顶级的修养，这样的人不会被情绪左右，能冷静地思考问题，从而让自己的人生路走得更好。

真正的智者，从不言人非

古语道："甘人之语，多不论其是非；激人之语，多不顾其利害。"

这句话的意思是说人好话说得太多，就不考虑真正的好坏；过激的话说得太多，就顾及不到利害得失。

人生在世，真正的智者是不会说人是非的，因为他们知道，说人是非者，必是是非人。

我曾看过这样一个故事，特别有感触。

春秋时期，楚平王贪恋权势，不讲仁义道德，并且疑心很重，甚至连自己的儿子都不信任。

太子的老师伍奢为人正直、忠诚，他的两个儿子伍尚和伍员才能过人。当时费无极做太子少师，此人是标准的是非人，他人前一套人后一套，是个大奸臣。

费无极为了取得楚平王的宠信，获得更大的权力，便想尽办法讨好楚平王，他说楚平王爱听的话，做楚平王喜欢的事，很快便取得了楚平王的信任。

不仅如此，他背地里经常嚼舌根，在楚平王耳边信口雌黄，说伍奢父子的不是，甚至诬告伍奢串通太子，要弑君夺位。

楚平王听信谗言，命人杀了伍奢和伍尚，并派人追杀太子和伍员。

除掉了伍奢之后，从此费无极权倾朝野，一人之下万人之上，没有其他官员能与之抗衡。

费无极就是个搬弄是非、陷害忠臣的奸佞之徒，这样的人必然会遗臭万年。

活得通透的人对于是非一定是躲得远远的，他们不会参与其中，更不会挑拨是非，因为他们知道这样就是自寻烦恼，不得善终。

不做是非事，余生更幸福

古语有云："名与身孰亲？身与货孰多？得与亡孰病？甚爱必大费，多藏必厚亡。知足不辱，知止不殆，可以长久。"

一个人要想生活得幸福就不能挑是非之事，就算有名利之心也要守住自己的底线，若是你守不住自己的底线，利欲熏心，那么很难走好未来的路。

如果一个人为名利所惑，为了名利不再考虑是非，也不再管自己的底线，这样的人就会被名利蒙蔽了双眼，甚至失去判断是非的能力，真的看成假的，假的看成真的。

在这个世界上，是非会蛊惑一个人的内心，会让其一生沉浸于物欲的枷锁之中而不自知。

有段话说得好："天下之是非，自当听之天下。腿长沾露水，嘴长惹是非。息事宁人的谎言，胜过搬弄是非的真话。"

谈是非人，做是非事真的会害了自己，往后余生，愿我们每个人都不要做是非事，也不要谈是非人，唯有如此，才不会因为是非让自己活在痛苦中，日子才能过成自己喜欢的样子。

第七节

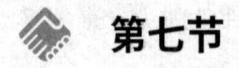

处世中的潜规则，看懂才能少走弯路

为人处世，我们会和不同的人打交道，每个人都有不同的个性，我们只有懂得怎样和对方交流，才不会让自己处于被动的地位。

诚然，人与人交流没有明确的标准，但还是要认真考虑社交方法，否则会让自己的人生之路走得非常艰难。

以下这几条成年人社交的潜规则，希望每个人都能懂，这样未来的路才会走得更顺畅。

没有人有义务一直惯着你，
容忍你的缺点和小脾气

很多人因为家庭的溺爱，总是时不时对朋友耍小脾气，他以为这样不会有什么问题，实际上问题很大。

朋友并不是你的父母，他们没有义务惯着你，在你耍小脾气的时候他们之所以没有远离，是因为比较看重这段感情。

你不能因为对方看重感情而肆无忌惮，要知道朋友对你的容忍是有限度的，一旦超过了这个限度，对方就会果断离开。

大家都是同龄人，别人没必要为了你而委屈自己。就像有句话说的那样："不要因为自己不愉快就发泄到他人身上，没人欠你的，不要把他人的宽容当作理所当然。"

如果你想和朋友的关系长久和谐，那么就要在交往中收起自己的小脾气，这样别人才愿意和你相处，彼此的关系才不会受到影响。

天晴借给你伞的人不一定是好人，下雨帮你打伞的人才是朋友

朋友之间贵在真心，真正的朋友不仅会锦上添花，更会雪中送炭，在你飞黄腾达的时候他不一定出现，但当你落魄时他就会立刻出现。

交朋友要交心而不是交嘴，如果对方嘴上说得很好听，但内心一点也不真诚，你就要果断选择远离，和这样的人在一起不会有什么好结果。

不要因为别人表面的真诚而乱了自己的方寸，也不要在别人的捧杀中迷失了自我，否则很难走好未来的路。

任何时候都要知道，在这世上我们要的不是假朋友，而是真朋友，正如网上有句话说的那样："真正的朋友不会把友谊挂在嘴巴上，不会因为友谊而要求什么，但是相互会为对方做一切自己办得到的事。"

一个人只有好好珍惜真朋友，果断远离假朋友，才能真正过好属于自己的生活。

无论关系有多么亲近，也要保持适当的距离感

成年人的社交，距离才会产生美，我们不能因为和某个人关系亲近而无所顾忌，甚至完全把对方当成自己。

一旦你这么做了，彼此的关系就会受到巨大的影响，极有可能会走向尽头。

人与人之间是不同的，因此就算关系再好，你也不可能变成对方，自

然也就不会知道对方心里的真实想法了。

你以为靠得太近，彼此之间就不会有隔阂，其实并非如此。叔本华曾说过一句很扎心的话："人，就像寒冬里的刺猬，靠得太近会痛，离得太远会冷。"

因此，我们在与别人交往中要把握一个度，把握好了彼此都幸福，把握不好彼此都痛苦。

人生苦短，愿我们每个人都能懂得这些与人交往的潜规则，尽量不要让坏的人际关系影响自己，从而把生活过成自己喜欢的样子。

第六章

沉默和倾听，才是为人处世的顶级智慧

第一节

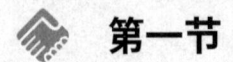

闭嘴的鱼,最不容易被鱼钩钩住

老子在《道德经》中曾说:"多言数穷,不如守中。"

这句话的意思是说的话越多,越容易使自己陷入困境,还不如把话留在心里。

在人际交往中,一个人的言辞非常重要,甚至会决定其成败,如果遇事不懂得适时闭嘴,总是多言多语,那么很可能会让自己受到很大的伤害。

真正聪明的人懂得适时沉默,谨言慎行,他们知道说多了没有好处。一个人如果能管好自己的嘴巴,不该说的话不去说,那么就能过上自己想要的生活。

言多必失,言多必败

《易经》有云:"吉人之辞寡,躁人之辞多。"

不知道你有没有发现,真正厉害的人说话都特别谨慎,他们都是有福之人,他们说话从来不急躁,也不喜欢炫耀自己,特别成熟稳重。

不要以为管住嘴是一件很简单的事,实则是能力的体现。在这个世界上,没有人喜欢喋喋不休的人,遇到这样的人基本都会选择远离。

古希腊的哲学家芝诺说:"我们生就一条舌头和两只耳朵,以便我们听得多些,说得少些。"

也就是说，厉害的人不一定是能说会道的人，而是懂得用心倾听的人，当一个人懂得了用心倾听，不多言自然就不会让人厌烦了。

我曾看过这样一个历史小故事：

384年，前秦的宗室苻朗投降东晋，来到江南。

当时的中书郎王肃之非常喜欢管闲事，又没有到过北方，就经常向苻朗询问中原地区的风土人情，一问起来就没完没了，苻朗非常讨厌。

有一次，王肃之问了大半天之后，又问："中原地区的奴婢，价格怎么样？"

苻朗回答："话少的十万，话多的一千。"

很显然，苻朗非常讨厌王肃之的不断追问，特别不喜欢听他说话，而王肃之还不自知，没完没了地说，这样的人别人只会选择远离。

任何时候都要知道，一个人言多必会有失去，言多必会失败，与其言多还不如像鱼一样懂得闭嘴，这样就不会被鱼钩钩住，就不会让自己受到更大的伤害了。

沉默，是人生的一种境界

常言道，滴水可以穿石，静水可以深流。

一个真正厉害的人，往往不会高调地炫耀自己，也不会没完没了地说，而是懂得沉默，永远不要觉得沉默是无话可说，实际上是不屑于说，这是一种境界。

懂得沉默的人，更加懂得人生的真谛，一位哲人所言："当一个人历经风雨，不再喜欢争辩、不愿巴结，变得越发沉默，甚至对社交场合不感兴趣，更喜欢独自走走停停，那么你就洞悉了人性，领悟了人生。"

待人接物，我们一定要学会多听少说，这样才会让自己变得更加优秀。

当一个人懂得了沉默，那么他的内心就会非常强大，知道想要什么，不会被喜怒哀乐羁绊，也不会被成败得失困扰。

未来的日子里，愿每个人都能懂得沉默的真谛，给自己多留后路，从而活成自己喜欢的样子。

第二节

懂得倾听，是一个人了不起的能力

在人际关系中，我们总是以为多说是好事，殊不知多听才是好事，我们之所以会遇到很多麻烦，是因为我们不懂得倾听。

当我们在与人交谈时，特别急于去表达自己的想法，但其实比表达更重要的是倾听。

一个人越是想表达自己的想法，遇到的麻烦可能就越多，与其急切地表达自己，还不如静下来先听听。

任何时候都要知道，懂得倾听，才是一个人了不起的能力。

有价值的人，不一定最能说

在人际交往中，很多人特别喜欢说，以为只有这样才能让别人看到自己的价值，实际上并不是这样。

一个人的价值并不是靠自己说出来的，你若是有价值不用多言别人也会知道，你若是没有价值说得再多也没用。

我曾看过这样一个小故事，特别有感触。

曾经有个小国派使者到中国来，进贡了三个一模一样的金人，看着金碧辉煌的小金人，皇帝非常高兴。正当皇帝高兴时，小国的使者出了一道题：这三个金人哪个最有价值？

皇帝想了许多办法，请来珠宝匠检查，称重量，看做工，可都是一模一样的。正当皇帝手足无措的时候，有一位老大臣说他有办法。

皇帝将使者请到大殿，老臣胸有成竹地拿着三根稻草，插入第一个金人的耳朵里，这根稻草从另一边的耳朵里出来了。

插入第二个金人耳朵里的稻草从嘴巴里直接掉出来了。

而第三个金人，稻草进去后掉进肚子里了，什么响声也没有。老臣说：第三个金人最有价值！使者默默无语，答案正确。

这个故事告诉我们，做事不仅要学会听得进别人的意见，而且要懂得思考，说话办事要有分寸、讲原则，这样才不会出问题。

懂得倾听，善于思考的人一定是最有价值的人。

高情商的人，懂得倾听

《史记》中言："言能听，道乃进。"

活在这个世界上，我们要懂得多倾听，在和别人相处的时候一定要少说多听，这样别人才更愿意与我们相处。

有人说，倾听是一种艺术，一种品德，更是一种高情商的表现。

情商高的人说出来的话，永远都是站在对方的角度，他们知道这个世上没人愿意跟一个只想去表现自己的人交流。

在人际交往中，懂得倾听真的很重要，它会让你有更好的人缘，倾听虽然没有赞美那么甜蜜，却能更好地给对方力量，是赢得人心不可多得的心理妙策。

因此，如果你想在人际关系中获得别人的喜爱，就应学会利用自己的耳朵，努力去做一个懂得倾听的人。

作家海明威曾说:"我们花了两年学会说话,却要花上六十年来学会闭嘴。"

人生很短,愿在未来的日子里,我们都能做一个懂得倾听的人,这样我们就会越来越有价值,就能成为一个高情商的人。

第三节

守嘴不惹祸，守心不出错

孔子曾说："君子欲讷于言而敏于行。"

一个人只有少说多做，管住自己的嘴巴，守住自己的初心，才不会惹祸出错，才是智慧之人、明白之人。

活在这个世上我们要明白，很多话不能乱讲，唯有如此才不会给自己带来更大的伤害，若是你不该说的也说，那么惹祸的只能是自己。

当你能做到守嘴不惹祸，守心不出错，那么就会有好的人际关系。

你的人际关系，藏在自己的嘴里

初出茅庐，几乎每个人都想有好的人际关系，拼命去维护自己的人际关系，最后却不尽如人意，为什么会是这样呢？

说到底就是管不住自己的嘴，因为管不住自己的嘴，说话由着性子来，自然会得罪人，别人也就不愿意与你交往了。

晚清重臣曾国藩就犯过这样的错误，因为管不住自己的嘴得罪了很多人。

咸丰元年（1851年），太平天国运动爆发，敢于直言的曾国藩想都没想就直接指出皇帝的缺点，他的直言让咸丰龙颜大怒，想直接罢了他的官，要不是要臣的劝阻，曾国藩的仕途算是走到尽头了。

曾国藩管不住自己的嘴，他自己是一个清官，又希望别人也是清官，因此看到别的官员贪财好色就会口无遮拦地批评，结果得罪了众多大臣，在朝廷树敌无数。

咸丰二年（1852年），曾国藩离开了树敌无数的京城。本来他以为离开京城就会好一点，不承想境况也差不多，因为管不住嘴，他又把江西的官绅给得罪了，处处碰壁。

经过这么多的磨难之后，曾国藩终于想明白了，知道自己之所以树敌无数，就是因为管不住自己的嘴，于是，他下定决心，在生活与工作中处处留心，每天都把见的人、说的话通过日记记录下来，以此反省自己的言行。

当他这么做之后，人际关系也变得越来越好了，成为晚清一代名臣。

在人际交往中，能否管住自己的嘴真的很重要，甚至可以说管住自己的嘴就会有一个好的未来；管不住自己的嘴，则步履维艰，很难有一个好的未来。

真正聪明的人，能管住自己的嘴

古人说过："口可以食，不可以言，言有讳忌也。"

我们的嘴巴可以随便吃饭，但是不能随便说话，任何时候都要知道说话是有忌讳的，说错话可能会给自己带来灭顶之灾，只有管住自己的嘴，才是真正聪明的人。

在人际关系中，有些人管不住自己的嘴，他们经常会口不择言地乱讲话，讲的时候虽然痛快了，舒服了，却不知给自己埋下了祸端，你说的时候可能是无心的，但听的人却是有心的，很容易被他们抓住小辫子。

一旦被别人抓住小辫子了，那么你想赖都赖不掉了，因为人证物证俱在，只能选择认了。

我曾看到这样一句话，深以为然。

"能管住自己的嘴巴是一种智慧，代表一个人的修养。能否管住嘴巴，考验的是人性，代表的是一个人的城府。"

一个人是不是真正聪明，无须看别的方面，只需看在人际交往中能否管住自己的嘴就行了。

往后余生，愿我们都懂得祸从口出的道理，与人交往尽量管住自己的嘴，倘若做到了，生活自然不会过得太差。

第四节

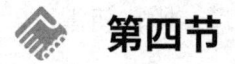

说话是银，沉默是金

小的时候，我们似乎有说不完的话，在任何人面前都有表现欲，那时完全不考虑任何问题，想说就说，甚至还以为这一辈子都会如此说下去。

长大后却发现并不是我们想的那样，你说得越多结果反而越糟糕，甚至还会惹人烦，让原本很好的关系变得很尴尬。

这个时候，我们终于明白沉默是多么重要，沉默看似无言，实则有无穷的力量，相比较喋喋不休，无言才是极高的境界。

越长大越明白，真正聪明的人从来不是话多的人，而是懂得沉默的人。

沉默，是一种智慧

常言道，说话是银，沉默是金。

真正厉害的人不鸣则已，一鸣必定会惊人，只有一瓶不满半瓶晃荡的人才不懂得沉默的重要性，才会肆无忌惮地说。

司马迁在《史记·滑稽列传》里记录了这样一个故事。

齐威王在即位之后长达三年的时间当中，一直打猎、喝酒，不理政事，甚至还在宫门口挂了块牌子写道"进谏者，杀无赦"。

有一天，淳于髡进见齐威王，他对齐威王说有人让他猜一个谜语，他怎么也猜不着，因此特来向齐威王请教。

齐威王让他说说看，淳于髡说："谜语是国京有大鸟，栖在朝堂上，历时三年整，不鸣亦不翔。令人好难解，到底为哪桩？"

齐威王听完后明白了他的意思，对他说，这可不是普通的鸟，这只鸟三年不飞，一飞冲天，三年不鸣，一鸣惊人。

齐威王之所以继位后选择沉默，是为了积蓄自己的力量，待自己羽翼丰满时自然会一飞冲天。

沉默非常重要，但这个世上并不是每个人都能做到，只有经历过时间的洗礼，受到伤害的人，才会知道沉默的重要性。

任何时候都要知道，人这一辈子喋喋不休并不是好事，与其说多了让人觉得你聒噪，不如适时地沉默，这样说不定结果会更好。

沉默，是一种智慧，当你懂得沉默了，很多看似很难的问题说不定就迎刃而解了。

无言，是一种修行

有道是，言多必失。一个人如果说多了话，本来没有问题的事情却可能弄出新的问题。

"此地无银三百两"的故事，相信大家都听过。

如果对方将银子埋在地里，不在上面竖一块木板，也不写"此地无银三百两"的字样，可能这些银子不会被偷掉，但他偏偏不，非得多说一些，自以为很聪明，殊不知却是搬起石头砸自己的脚。

人这一生没必要轻易和别人说自己的事情，更不要轻易诉说自己的伤口，因为这世上从来没有真正的感同身受，对方不会理解，只会看你的笑话。

作家亦舒曾说："人一定要受过伤才会沉默专注，无论是心灵或肉体上的创伤，对成长都有益处。"

我们这一生除了生死，其余都是小事，既然是小事，那么就要学会沉默，至于对与错没必要去纠结，无须多言，这才是最明智的。

在余下的日子里，希望我们每个人都能懂得沉默，也只有做到沉默才能让自己的心沉淀下来，才能用最好的姿态面对一切，在沉默中感到充实，欣赏这世上最美的风景。

第五节

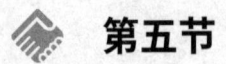

水深流缓，人贵语迟

话没说出去之前，你是它的主人；若是说出去了，你就成了它的奴隶。

遇到问题如果你不问青红皂白，上来就发表自己的意见，很可能会让自己更被动。聪明的人在遇到问题后都会开口慢半拍，先听听对方什么意思，在弄清别人的意图之后再表达自己的思想，这样做基本不会出大问题。

对人也好，对事也罢，没必要立刻一吐为快，好好斟酌后再说也不迟，否则可能会吃大亏，原本这个亏是可以避免的，但因为你着急而没有避免，未免太不划算了些。

任何时候都要知道相比无缘无故地发火，弄清事情的缘由才是最重要的，只有这样才不会让自己的人生更被动。

话别着急说，才不会出问题

俗话说："水深则流缓，人贵则语迟。"

简单来说，这就是对慢半拍最好的诠释，当水足够深，水流的速度就不会快，当一个人足够睿智，说话的速度一定会放慢，他们深深懂得这样才能更好地掌握主动权。

《三国演义》这部电视剧，相信很多网友都看过，在这部剧中有这样一个情节：

孙刘两家合力抗曹，曹操兵败，最后被关羽堵在华容道，当时曹操插翅难飞，但因为他对关羽有大恩，因此才得以逃脱。

听到这个消息后，诸葛亮和东吴大都督鲁肃非常生气，诸葛亮准备把曾立下军令状的关羽斩首，可是刘备和张飞愿意一起陪同关羽死，这个时候诸葛亮犯了难。

这时候鲁肃也开始替关羽求情了，当鲁肃这么说的时候，诸葛亮顺水推舟地说给鲁肃一个面子，否则决不轻饶。

其实，从一开始诸葛亮就知道关羽会放掉曹操，他深知如果当时杀了曹操，刘备也会不保，只有这样让曹操欠他们一个人情，把矛头转向东吴，刘备才更有机会。

真正聪明的人在不了解对手的情况下，会先探探对方的虚实，不急于表达自己的想法，而是让对方说出自己的想法，从而更好地应对。

话慢半拍，是最大的智慧

遇到问题之后，有很多人着急表达自己的态度，以为这是最大的聪明，其实这真的很傻，往往会弄巧成拙。

任何时候都要知道，遇到问题，聪明的人从来不会急于表达自己的观点，因为他们知道这样不仅达不到自己想要的效果，还会让自己更被动，他们会选择说话慢半拍。

当然说话慢半拍，并不是天生说话慢，而是懂得掌握主动权，他们懂得与其先说让自己陷入被动之中，还不如把这个机会交给对方。

莎士比亚曾在《爱的徒劳》中写过这样一句话:

"你的舌头就像一匹快马,它奔得太快,会把力气都奔完了。"

往后余生,如果你想拥有更好的生活,那么尽量要做到说话慢半拍,当你真的懂了其中的奥秘,人生自然会更加精彩,否则,苦果只有自己来品尝,不是吗?

第六节

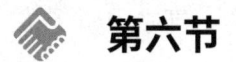

不视人之短，不言人之过

宋代林逋在《省心录》里写道："目不视人之短，口不言人之过。"

这句话的意思是，在生活中我们的眼睛不去看别人的短处，嘴巴不要诉说别人的过失。这样才能过好自己的生活。

我们这一辈子会遇到各种各样的人，有的人相处起来如沐春风，而有的人相处起来则特别别扭，让人想远离。

之所以这样，是因为有的人总喜欢评论别人，让人心生怨恨，任何时候都要知道，语言的力量是强大的，可以温暖一个人的心，也可以让对方寒心。

倘若在与人的相处中你能做到不视人短，不言人过，那么你就是个聪明的人，大家也愿意和你相处，你的未来自然一片光明。

不视人短，嘴下留情是大智慧

人与人相处，贵在舒服，如果你经常揭别人的短，知人还想评人，那么真的是一种很傻的行为，甚至会酿成不必要的灾祸。

汉武帝时期有个叫田蚡的丞相，虽然权倾朝野，但他没有什么真才实学。

有一个叫灌夫的将军对他非常不满意，直言他什么也不是，靠着阿谀奉承得到高位，只会让人耻笑。

田蚡听到后恼羞成怒，以违反诏旨的理由让汉武帝一气之下斩了灌夫。之后，田蚡跟同僚徐冲抱怨别人轻视自己。

徐冲听后，虽然看破了田蚡肤浅傲慢的本质，碍于田蚡睚眦必报的性格，便不多加评论。

徐冲委婉地劝解道："只要自己的才华和能力够好，就不怕别人说三道四。"田蚡听后面露笑意，心领神会，平息了心中的怨气。

在人际交往中，我知道一个人是什么样的人就够了，没必要评论别人，相处不舒服就选择远离，这才是最明智的。

人生如戏，戏如人生，不该说的不要说，该说的也要谨慎说，嘴下留情，给别人留余地，才是一个人最大的智慧。

不言人过，关系会更长久

人非圣贤，孰能无过？一个人犯错误是在所难免的事情，犯了错能改错就行了，如果你老是揪着别人的错误不放，那么就没有意思了。

当你指责别人的时候，一定要先审视一下自己，如果自己有问题，那么就不要抱怨别人了，即便自己没有问题，也不要抱怨别人，否则只会给自己带来更多的麻烦。

人这一生，每个人都有不愿提及的过往，我们要懂得和而不同，学会尊重，唯有如此，一段关系才会更加长久。

未经他人苦，莫论他人非。

在这个世界上，真正聪明的人不会抓住别人的过失不放，因为别人的过失有可能是不得已而为之，别人这么做自然有他自己的道理，无须多言。

在这个世界上，每个人都想要长久的感情，其实长久的感情很简单，需要懂得审视自我，能控制自己的嘴，远离是非之人，过好属于自己的日子。

未来的日子里，愿你我都能明白这个道理，不被烦事缠身，这样自己的日子才会过得热气腾腾，共勉！

第六章 ◎ 沉默和倾听，才是为人处世的顶级智慧

第七节

你的情绪，其实与别人无关

网络作家今山事在《一杯茶垢》里曾说道："在世间，本就是各人下雪，各人有各人的隐晦与皎洁。"

这个道理很简单，每个人的命运不同，遇到的事情也不同，纵使再难也没必要把心里的垃圾情绪说给别人听，否则不仅得不到安慰，反而还会被嘲笑。

活在这个世上，每个人都不容易，日子过得甜也好，苦也罢，都是你自己的生活，这与别人没有任何关系。

倘若你不听，非得跟别人说自己的烦心事，那么痛苦的最终是你自己。

你的情绪，与别人无关

有位哲人曾说："在这个世界上，没有人，真正可以对另一个人的伤痛感同身受，你万箭穿心，你痛不欲生，也仅仅是你一个人的事。"

当真如此，你的情绪只是自己的情绪，与别人是没有任何关系的，在这个世界上大多数人只会看戏，并不会真正地关心你。

在这个世上没有人有义务帮你，他们帮你是情分，不帮你也不算冷漠，即使你的困难对他来说可能是小事，但他没必要帮你解决。

简单来说，你遇到了困难要自己去承担，指望别人是不行的。

遇到困难，情绪崩溃，大家可能也就是安慰你，其余的他们什么也做不到，不是没有这个能力，而是他们没有这个义务。

大家都很忙，没有人有义务体谅你，也没有人有义务非得帮助你，能帮你的只有你自己，当你懂了，也就不会逢人便倾倒心里的垃圾了。

大家都是成年人，尽管我们的生活确实很难，还是要懂得给自己保留体面，相比别人的嘲笑，同情会变得特别奢侈。

简单来说，你的事情就是你的事情，与任何人都没有关系。

自己消化情绪，才是最大的体面

每个人都想体面地活着，那么什么是体面呢？说简单点就是在别人面前能保持一定的形象，不想被别人瞧不起。

但很多时候并不如自己所愿，你越追求体面，反而会越被动。

心里有了困扰，请学会自我消化，除此之外，不要在乎任何人的目光，因为体面是你自己的事情，你觉得体面了，那么就是体面了，这完全是心态的问题。

"生"容易，"活"也容易，但是生活真的不容易。

遇到困难，你可以哭，可以暂时地麻醉自己，但哭过痛过之后，还要继续上路，因为除了你自己，没有任何人能帮你。

成年人成熟的表现就是把情绪调成静音，他们明白这世上没有真正的感同身受，与其让自己沮丧烦躁给别人添堵，还不如静静地放在心里，慢慢自我消化。

人生在某一个阶段可能会乌云密布，这个时候你要做的不是在乌云的笼罩下自怨自艾，而是努力地拨开云雾，因为只有这样，才能见到天晴。

活着，我们要明白生活的真谛，用一双发现美的眼睛去寻找这个世界的美好，而不是被坏情绪左右。

日子还长，你要学会乐观生活，只有如此，才能被这个世界温柔以待。

第七章

懂得这样做，
处世才游刃有余

第一节

大声说话是本能，小声说话是文明

梁实秋曾说："一个人大声说话，是本能；小声说话，是文明。"

在人际交往中，一个人若是能很好地控制自己的音量，说话柔声细语，那么别人便更愿意与之相处，因为他懂得尊重。

如果你想有好人缘，那么在和别人说话的时候，不仅要注意说话的内容，更要注意说话的语气，相比大声、生硬的语气，温柔、小声的语气更容易被人接受。

一个人的语气，就是其内心最精准的温度计，能反映出自己最真实的面貌。

说话的语气，藏着一个人的教养

古人云："心存善念，方能口吐莲香。"

不知你有没有发现，心存善念的人特别注意自己的说话语气，他们说话都特别温柔，懂得在说话时照顾别人的感受。

这样的人就是有教养的人，他们懂得控制自己的本能。

在一期《中国诗词大会》上，有一位农村大叔特别喜欢诗词，所以就报名参加了，当他站在这么大的舞台上时，特别紧张。

主持人看到后，便温柔地对他说了一席话。

主持人表示诗就像荒漠中的一点绿色，会给一个人带来一些希望、一些渴求，就算答错了，也不过是一个美丽的错误。

主持人的一席话，如和风细雨，不仅很好地缓解了大叔的紧张情绪，而且也不担心答错了会难堪。

在现代社会中，很多人以为声音大更能说服别人，其实并不是这样，你的声音越大，只会让别人觉得你性格暴躁，不好相处。

说话声音太大，语气太冲，会让人感觉你恶意满满，从而不愿意与你相处。

蔡康永曾说过这样一句话："讲话时最好自觉地降低音量，不光是因为太大声会吵到别人，而是因为如果一个人连自己的音量都控制不好，会让别人很难信任你其他各方面的能力。"

控制不好自己音量的人，大概率就不是有教养的人，这样的人自然不会有好未来。

高音刺人耳，低声悦人心

俗话说："自古贵人声音低。"

在这个世界上真正厉害的人，声音基本上都比较低，他们从来不会在音量上和别人比高低，而是通过自己的真正实力说服他人。

说话声音大，会让人特别厌烦，就算你说的话有一定的道理，对方也会远离你而去，因为和你相处一点也不舒服。

我们要知道一个人的语气，同样也是其内心的真实写照，他怎么说话就显示着他是什么样的人。

一言足伤天地之和，一事足折终身之福。说话的音量会影响你的人际关系。

如果你说话特别温柔，自然会让人如沐春风，别人也愿意与你交往，你也就会有好的人缘。

我曾看过这样一句话，特别有感触："在与人交往时，如果能平心静气地说话，就能让人身心愉悦，一个人能控制好语气，就等于给自己的精神内在化妆。"

人生很短，在未来的日子里，希望我们与人交往的时候都不要大声说话，这样我们才能更好地与别人相处，让彼此的关系更加长久，不是吗？

第二节

好话不在多说，有理不在高声

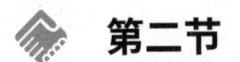

《增广贤文》中说："好话不在多说，有理不在高声。"

这句话的意思是，好的话语不需要多说，因为说得太多反而可能让人厌烦；而有理也不需要高声叫嚷，因为高声叫嚷反而可能让人无法听清。

在人际交往中，我们会和不同的人打交道，与其喋喋不休地说还不如说得少一点，与其大声嚷嚷还不如心平气和一点。

好话没必要多说，有理没必要高声，这样才不会让自己的形象受损，让别人更加愿意靠近你。

声音高，未必有理

与人交往时，我们总是声音高底气足，以为这样就会有道理，实际上并不是这样，真正有理的人说话声音不会太高，反而会很温柔。

我听过一个关于宋庆龄的故事，挺有感触的。

宋庆龄15岁就进入美国的一所女子大学学习。有一次，班上讨论历史方面的问题，一位美国学生大声发言，她表示所谓文明古国，譬如亚洲的中国，已经被历史淘汰了。

当宋庆龄听到对方这么说之后，她不以为然地摇了摇头，耐心地听对方讲完。等对方讲完之后，宋庆龄就站了起来，她虽然情绪有点激动，但仍然用温柔的语调反驳了同学所说的话。

宋庆龄讲完后，课堂里响起了雷鸣般的掌声。

虽然宋庆龄的声音不如美国同学的声音高，但大家都支持宋庆龄，因为她说得有道理。

在这个世界上，真正有实力有底气的人，不会言辞粗鲁地和别人争个面红耳赤，更不会用气势压倒别人，而是选择以理服人。

如果一个人总想在语言上占高峰，那么很可能会跌落谷底；如果一个人总想在人际沟通里做主角，那么基本成不了主角。

越是有本事的人，与人交谈的时候越懂得换位思考，他们能在交流谈话中体贴别人，不会给别人带来困扰。

话不多说，人际关系更好

有人说，言语是这个世界上最大的魔术。

在这个世界上，经常说话的人，不见得多会说话；不经常说话的人，也不一定就不会说话。说好了一句就能顶一万句，说不好一万句也是废话。

在人际关系中，当你和别人表达自己的意思时，没必要多说，只要表达清楚自己的意思就行了，说多了只会让别人更烦。

在社交场合中，话不在多而在精，我们说一句就要表达一句的意思，发表自己的见解时，最好高度概括，用最凝练的语言，系统地把问题的本质表达出来，这样才能取得以少胜多的效果。

不要害怕别人不清楚你的意图，因为你已经把自己的意思表达得足够清楚了，你要是害怕别人不清楚而继续解释，反而会让别人更糊涂。

言不在多，希言则贵，真正厉害的人所说的话像黑夜里的星星，而不是除夕夜里的爆竹。

在人世间这个大舞台上，我们要尽量懂得这个道理，不多说没必要的话，有理的时候也不会提高自己的声音，这样我们才会有更好的人际关系，才能更加走好人生的路。

第三节

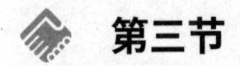

大度能容，容天下难容之事

常言道，宰相肚里能撑船。

在人际交往中，无论我们是对的还是错的，都没必要和别人争论，倘若是对的，不会因为你不争论而变成错的，倘若是错的，也不会因为你争论变成对的。

人活在这个世上，要大度能容，容天下难容之事，这样才会让自己的人际关系更加和谐，让自己更加快乐。

生活中，有一类人只要自己是对的，就会和对方争得面红耳赤，表面来看好像没有什么关系，殊不知这是最愚蠢的行为，这样会让彼此的关系变得很差。

这样的人，没有人愿意与之相处，因为和他相处起来还不够给自己添堵的，与其让自己痛苦还不如果断远离。

得饶人处且饶人

宋朝蔡州道人曾写道："自出洞来无敌手，得饶人处且饶人。"

有些人出了问题可能并不是故意的，所以没必要揪着不放，有些理可以不计较，看似是宽恕了别人，实则是成全了自己。

如果你非得揪着不放，有理了就不去饶人，那么你的人际关系可能会变得很差，就是失道者寡助了。

我曾看过这样一个历史故事。

宋朝名相韩琦一天晚上写信,一个小兵在旁边端着烛台照明。不留神蜡烛一歪,火苗点着了韩琦的胡子,烧焦了一片,小兵吓得不知如何是好。

反观韩琦,他只是用袖子一抹,接着写信。过了一会儿,韩琦抬头,发现拿蜡烛的小兵已经换人了,就问:"刚才那个士兵呢?"

小兵答道:"被管事的换走了。"韩琦说:"你去把他和管事的都叫过来。"

过了一会儿,先前的小兵面色惶恐地跟着主管来了。韩琦对主管说:"不用换人了,这个后生已经知道怎么拿蜡烛了。"

如果韩琦当时狠狠地惩罚小兵,将士们必然会对他十分惧怕,但这种怕是表面上的,而不是发自内心的。与其惩罚对方还不如选择宽容,这样将士们才会从心里认可他。

真正厉害的人,必然是胸中有丘壑,肚里藏乾坤,能做到容人所不能容,忍人所不能忍。

占据上风,原谅是最大的明智

《菜根谭》里有这样一句话:"待人而留有余,不尽之恩礼,则可以维系无厌之人心;御事而留有余,不尽之才智,则可以提防不测之事变。"

简单来说,我们对待他人的时候总要保留一份绰绰有余、不会穷尽的恩情和礼遇,这样才可以维系永不满足的人心。

如果总是咄咄逼人,不给别人留有余地,那么最后受到伤害的还是我们自己。

在日常交往中,与其苦苦相逼,还不如给对方留有余地,这样对方会从心里感激你，会把这份恩情记在心里，当你遇到困难的时候，自然也会果断出手帮助。

但如果你把对方逼到绝境，那么对方可能会选择鱼死网破，这对你来说有百害而无一利。

自己占据了上风，与其咄咄逼人不依不饶，不如选择原谅，这样不仅可以解决掉问题，还能让彼此相处得更舒服，给自己留一条后路，不是吗？

第四节

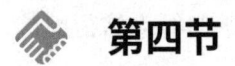

事不做绝，方能左右逢源

诗人白居易曾在《太行路》中这样写道："行路难，不在水，不在山，只在人情反复间。"

人不是独立的个体，生活在这个世界免不了会和很多人发生交集。不要以为自己拿出了真心，对方就也会拿出真心，也不要以为自己做好了，就完全没问题了。

这世上最大的困难不是山水，而是人与人的交往，倘若你能做到事不做绝，就能左右逢源，对自己的人生会起到事半功倍的作用。

若是把事情做绝了，那么就等于堵死了自己的路，让自己的人生之路走得步履维艰。

聪明的人，事不做绝

曾国藩说过："留一分余地，可回转自如，不留余地，则易失之于刚，错而无救。"

这句话的意思是说，凡事留有余地，才能周旋回转，应对自如；不留余地，一旦做错则无法补救。

在人际交往中，如果一个人没有把事做绝，那么会让自己未来的路走得更顺畅，若是你不听，非得把事做绝，那么遇到事情只能是叫天天不灵，叫地地不应。

清朝康熙年间的大学士张英，面对家里关于三尺宅基纠纷来信，坦然挥笔回信附诗："千里修书只为墙，让他三尺有何妨？万里长城今犹在，不见当年秦始皇。"

家人接到回信后，让出三尺宅基地。邻居得知，也相让三尺。结果成了"六尺巷"。

由此可见，张英是懂得事不做绝的人，他没有因为自己的官职而给邻居压力，反而主动让出来三尺，足见他的胸襟。

《格言联璧》有言："事不可做尽，言不可道尽，势不可倚尽，福不可享尽。"

如果在人际交往中，一个人喜欢凡事做绝，仗着自己的权势对别人步步紧逼，不给别人留一分余地、一线生机，那么他的人生之路会越走越窄，甚至会走进死胡同。

一旦让自己进入死胡同了，那么后悔就来不及了，只能接受这个结果。

逼别人太紧，会害了自己

《菜根谭》中有这样一句话："路径窄处，留一步与人行；滋味浓时，减三分让人食。"

世事无常，任何人都无法预料到未来会发生什么，与人相处与其步步紧逼还不如趁早给自己留条后路，这样出现变动时，也不至于让自己束手无策。

但如果你不听，总是仗着自己的能力，瞧不起任何人，事情做得太绝，话说得太难听，别人虽然表面对你服服帖帖，但实际上心里早就厌烦透了。

别人之所以暂时没有翻脸，是因为没有找到机会，等找到机会一定会翻脸了。

真正聪明的人万事不会做绝，他们懂得给自己留后路，不会把自己逼进死胡同，给自己留下变通的余地，一旦出现问题不至于无路可走。

未来的日子里，希望我们每个人都能懂得这个道理，凡事都不要做绝，这样才能走好自己的人生之路，才能更好地实现自己的人生价值。

第五节

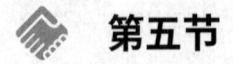

做事留一线，日后好相见

生活中的智者懂得给别人留余地，因为这就是给自己留余地，今天你得理不饶人，说不定过段时间就会撞在别人的枪口上。

不让别人为难，让别人活得轻松，这是做人要宽容的妙处，拥有这样智慧的人，才能得到别人的赞赏，才能活得更加轻松。

很多时候，我们都希望能最大限度地表现自己，不给别人留有说话的机会，想借此获得别人敬佩的眼神，殊不知，这才是最大的傻。

留一线，路更好走

邻居刘叔是一名木匠，每次做木工活，他都叮嘱大家留一条缝隙。对此，我特别不理解。在我的追问下，刘叔告诉了我答案。

木工讲究疏密有致，粘合贴切，该紧则紧，否则容易散落，但是如果能恰到好处地留一条缝隙，给组合材料留够吻合的空间，那么就不会出现开裂或挤压拱起的现象。

刘叔说完后，我恍然大悟。

其实，做人处世和木匠的工艺原理一样，学会留一条缝隙才是最重要的。如果一个人工于算计，锱铢必较，那么他的生活一定会特别糟糕，身边也不会有交心的朋友。

给别人机会，学会包容，才是最重要的。缝隙不是裂纹，留一条缝隙等于清除了挤压而出的致命裂纹，等于给自己留下一条宽敞的后路。

不管在什么情况下，我们都要给别人留一条后路，说不定在人生的下一个路口，我们就需要别人给我们一条退路。

放别人一马，等于救自己

春秋时期，楚庄王宴请群臣，大家正喝得特别高兴时，忽然照亮的蜡烛被一阵风吹灭了，大殿里瞬间一片黑暗。

有个大臣因为醉酒的缘故，趁黑拉扯了楚庄王妃子的衣服，妃子特别生气，借势扯掉了他的帽缨，她暗中对楚庄王说："刚才有人对我无礼，我已经扯下了他的帽缨，您一会儿看谁的帽缨断了……"

没想到楚庄王却对妃子说："算了吧，这样做，他以后怕是没法做人了。"事实上真是如此，就算楚庄王不杀他，他也会颜面尽失，羞恼自尽。

为了给这位大臣留条后路，楚庄王下了一个意外的命令："今天众卿一起喝个痛快，不把帽带扯下，就表示没有尽欢。"

结果，所有人都扯断帽带尽情饮酒，无一人清楚刚才的轻浮之举是何人所为，那人也因此逃过一劫。

后来楚国和晋国相争，楚军有一位将军奋勇杀敌，舍生忘死，最终战胜了晋军。当楚庄王问这个将军为何如此拼命时，将军说："我就是那天夜里被扯断了帽缨的人。"

人性都是向善的，放别人一马，不会对自己造成伤害，给别人留条后路，对方会更加感激你。当你遇到困难时，他会全力相助，但如果把别人逼入绝境，最终难堪的还是你自己。

真正聪明的人，当别人遇到麻烦时，不会咄咄逼人，会尽可能地大事化小，小事化了。

他们懂得给别人三分薄面，别人自然会对自己满怀感激，要是不懂得留缝隙，事情会变得很糟糕，最终会尝到自己酿的苦酒。

第六节

飘风不终朝,骤雨不终日

《道德经》中有云:"飘风不终朝,骤雨不终日。"意思是说,大风不会刮一早上,暴雨不会下一整天。

人生路上,我们会遇到很多糟糕的事情,但这些糟糕的事情如同大风和大雨一样,早晚都会过去的,只要我们不屈服,就不会有任何问题。

一个人就算遇到的困难再大,再落魄,只要振作起来,假以时日自然有翻身之时。就怕自怨自艾失去斗志,止步不前。

人生很难,一路跌跌撞撞,忙忙碌碌,但这正好是对自己的一种磨炼,扛过生活的苦就会迎来生活的甜。

经得起磨炼,成功才会至

一个人只有不向困难低头,坚持心中的信念,才会实现自己的人生价值,若是面对困难止步不前,那么成功自然也不会到来。

遇到困难就绝望的人,一生都不会有大出息,只有能尽力扛住困难的人,人生之路才会越走越顺畅。

唐朝的鉴真大师就是一个经受得住磨难的人,当然他也实现了自己毕生的宏愿。

从唐天宝元年(742年)开始,鉴真应日本留学僧邀请,六次东渡日本,遇到了许多挫折。第一次东渡前,本已准备就绪,结果出现变故,鉴真被人诬告与海盗勾结。

地方官员听到这个消息后，派人拘禁了所有僧众，并没收船只，首次东渡因此未能成行。其后接连失败。

第五次东渡最为悲壮。那一年鉴真大师已经60岁了，船队从扬州出发，刚过狼山附近，就遇到狂风巨浪，在一个小岛避风。一个月后再次起航，走到舟山群岛时，又遇大浪。

第三次起航时，风浪更大，向南漂流了14天，鉴真靠吃生米、饮雨水度日，最后抵达海南岛南部靠岸。归途中，鉴真因长途跋涉，过度操劳，不幸身染重病，双目失明。

第六次东渡，鉴真大师搭乘日本遣唐使的官船，不顾生命危险，终于成功到达日本。

如果当时鉴真大师经受不住磨炼，首次东渡日本失败后便不再前往，那么此生自然也就永远不会到达日本了。

但是鉴真大师能承受住磨难，为了实现自己的愿望，就算再苦再难也依然坚持，他始终相信，只要自己敢于拨开云雾，就能见到天晴。

追光的人，终会光芒万丈

苏轼在《晁错论》中写道："古之立大事者，不惟有超世之才，亦必有坚忍不拔之志。"

我们这一生，几乎大多数人都会被命运捉弄，但不管怎样，只要我们积极去改变，就会得到自己想要的，就会让自己光芒万丈。

现在的你或许正在承受生活带来的痛苦，无论多难，希望你千万不要灰心丧气。因为一个人只有心存希望，才会有奇迹。

人生实苦，每个人都不容易，希望我们都能拥有一个如向日葵一般的心态，只有这样我们才不会担心黑暗，能永远跟着光明走。

　　余生漫长，不管未来会怎样，希望你都能遵从自己的内心，选择想要的生活，做一个永远追光的人，开心快乐地过好每一天。

第七节

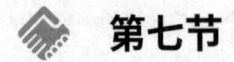

真正厉害的人，会做自己的摆渡人

人生在世，不如意之事十之八九，每个人都会或多或少地遇到一些麻烦。

面对这些麻烦，有些人选择默默承受，化痛苦为力量，努力奋进；有些人则到处诉苦，到头来什么问题也没解决，反而只是成了一个笑话。

这世上从来没有真正的感同身受，有人住高楼，有人就会在深沟里，有事业有成的人，自然也有一生碌碌无为的人，可这又能怎样呢？

生活中，真正厉害的人不会到处诉苦，而是懂得做自己的摆渡人。

能理解你的，只有自己

小的时候，我总以为只要我家门外下雨，那么整个世界就会下雨，长大后才发现并不是这样子，别说整个世界，一个城市中都会出现北边下雨，南边不下雨的情况。

北边理解不了南边为什么不下雨，南边理解不了北边为什么会下雨，其实这就是感同身受的问题。

很多时候，别人对你的诉苦只是象征性的安慰，所有的事情还是你自己要扛，扛过去了那么自然就能拥抱幸福，扛不过去，那么一生可能都会生活在痛苦中。

有一只小狐狸受了伤，前腿上有一个不大不小的伤口。

每当有人问它前腿怎么回事，它就扒开伤口让他们看。所有看过的人都唏嘘不已，表示很同情且纷纷安慰它，然后继续忙自己的事情。

可是到最后，这只一次次扒开自己伤口的小狐狸因为伤口感染死掉了。

你可能会嘲笑这只小狐狸，觉得它太傻了，可很多时候我们何尝不是这只小狐狸，遇到痛苦的事情我们都渴望别人理解自己。

可最后才发现这不过是徒劳的事情，我们终于知道别人的看法对自己没有任何帮助，甚至还可能加重伤害。

人永远不要用自己的标准去衡量别人，因为这真的无法衡量。这个世界上没有人会理解你，能理解你的只有自己。

属于自己的路，只能自己走，任何人都帮不了你。诚然，这段路程可能会走得很艰难，但不论怎样，只要你努力去走了，那么就一定会走完，就一定会走出那段痛苦，活出属于自己的精彩，不是吗？

若是很苦，请做自己的摆渡人

既然没有人能帮自己，那么就自己帮自己吧，就算再难也只是暂时的，若是在前进的路上很苦，你要试着给自己加点糖，做自己的摆渡人，只有你自己才会懂得活着的意义。

失败了其实没什么，大不了从头再来，但如果你心态崩溃了，那么一辈子很可能也就完了，等你彻底明白的时候，就已经晚了。

每个人都会遇到困难，但请不要放弃，也不要随意诉苦，你的诉苦只会让自己更苦。

这世上的每个人可能都在负重前行，可能都有自己难以言说的痛苦，既然说了别人不能理解，那么又何必喋喋不休呢，还不如做自己的摆渡人，自己去理解自己。

　　人生很短，切莫让自己的人生一直与痛苦相伴，苦过痛过就一定会迎来新的转机，成年人连哭都是奢侈的，要把哭声调成静音，奋力拼搏，唯有这样人生才会有新的机会。

第八章

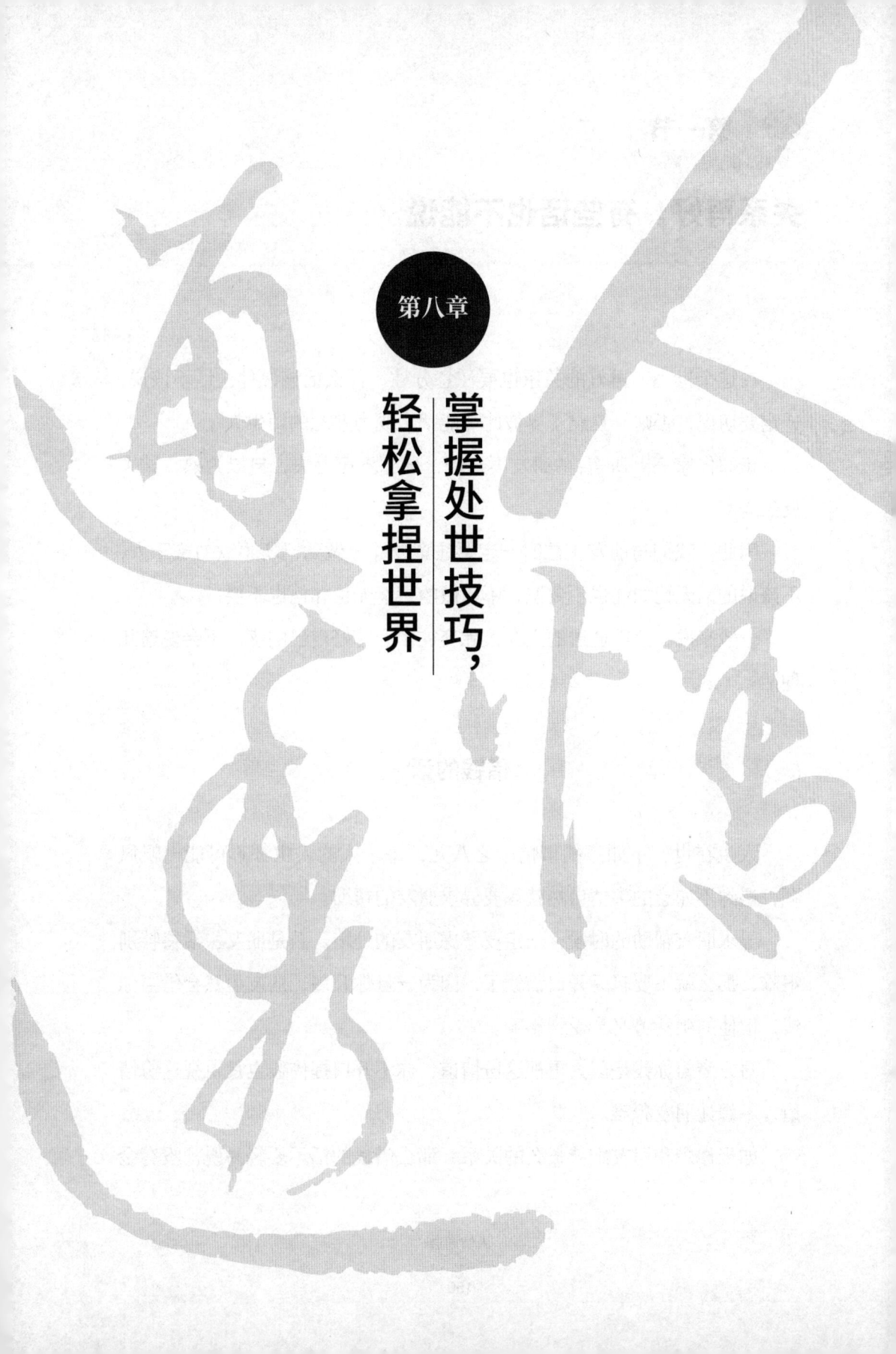

掌握处世技巧,轻松拿捏世界

第一节

关系再好，有些话也不能说

在这个世上，再好的关系也要注意分寸，什么话该说什么话不该说，一定要切记，否则一旦越了界彼此可能就会成为熟悉的陌生人了。

正如作家三毛所言："朋友再亲密，分寸不可差失，自以为熟，结果反生隔离。"

因此，我们与朋友交往时一定要注意分寸，做到己所不欲勿施于人，不该说的话无论如何也不要说，不该做的事情无论如何也不要做。

一般来说，活得通透的人在人际交往中会管好自己的嘴，不会说这几种话。

借钱的话

人生在世，不如意的事情十之八九，每个人的人生都不可能一帆风顺，遇到不如意的事情自然就想要寻求朋友的帮助。

寻求朋友帮助的时候，一定要考虑朋友的处境。若是朋友生活得特别艰难，那么就不要轻易开口借钱了，因为一旦你开口，朋友虽然会借给你钱，但他的生活势必会受到影响。

对方借给你钱是因为重视这份情谊，你不开口提借钱也是重视这份情谊，不想让朋友犯难。

如果你想和朋友维持长久的关系，那么借钱的话不要轻易说，没有金钱的瓜葛，彼此之间可能不会出现任何问题，有了金钱的瓜葛关系可能就会变质。

正如莎士比亚所言："不要借钱给别人，也不要向别人借钱；借给别人钱会使你人财两空，向别人借钱会使你挥霍无度。"

因此，在好朋友面前，借钱的话尽量不要说，这样才会让彼此的关系更加和谐长久。

背后的坏话

朋友之间要有一说一，真正的朋友会当面指出你的错误，断然不会在背后说你的坏话，倘若朋友总是在背后说你的坏话，那么就要果断远离，否则受到伤害的只能是自己。

背后说人坏话的人说白了就是人品不行，一个人只有做到不与人品不行的人交往，才能避免受其影响。

既然把对方当成真正的朋友了，那么就要多说有利于朋友的话，当你这么做了，相信朋友也会给你同样的反馈。

活得通透的人从来不会在背后说朋友的坏话，因为他们不想把自己拉低到自己讨厌的那类人的档次，这会让自己恶心。

一个人要想拥有幸福快乐的生活，那么就要和背后说自己坏话的人断绝关系，就不要在背后诋毁朋友。

自己的闲话

人生在世，你的事情就是你的事情，与朋友是没有关系的，也就是说，你只需要过好自己的日子，没必要和别人说。

倘若你过得幸福了，朋友嘴上祝福，心里可能特别嫉妒；倘若你过得不幸福，朋友嘴上给你安慰，心里可能幸灾乐祸。

与朋友相处，说自己的闲话不过是给对方增加谈资罢了，既然是这样还不如在朋友面前闭口不提，努力去经营好属于自己的生活。

一个人如果经常说自己的闲话，不仅会让别人看了笑话，而且往往很难过得幸福。

人生很短，愿我们每个人都能做一个活得通透的人，在亲朋好友面前不去说这几种话，倘若你能做到了，生活自然会过得特别幸福。

第二节

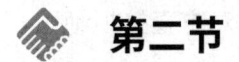

不要指望别人救赎，要让自己强大

人生路上从来不是一马平川，而是会遇到这样或者那样的烦恼，宛如过山车，高低起伏，没有定数。

在人生这条单行道上，我们无论和谁相处，都要努力强大自己，也只有自己变得足够强大，才能让自己的人生更加有价值。

人与人之间的本质，是利益交换

遇到困难的时候，我们总是想着寻求别人的帮助，以为别人会无条件地帮助自己，直到碰壁之后才发现是自己奢求了。

人与人相处的本质是等价交换，因此当你遇到事情的时候不要对别人抱有太大的希望，要看自己能否给别人提供价值，如果不能提供，那也怨不得别人。

理想是丰满的，但社会是现实的，人与人的大多数关系本质就是利益交换，当你想让别人帮忙的时候，先看看自己能给别人提供什么帮助。

倘若你发现自己不能给别人提供价值，那就要学会接受别人的无情。

刚开始学习写作的时候，我加了一个著名写手的微信，虽然对方特别忙，但是我们还是聊了很多次，这位写手的勉励让我会错了他的意思。

我原本以为自己可以随时随地麻烦他，但最后却发现根本不是这样，我们之间的关系不过是点头之交。

那段时间我写了一篇文章投稿，为了增加这篇稿子的命中率，我想发给这位写手看看，我原本以为他会答应，但是没想到对方直接拒绝了。在我纳闷的时候，对方问我是不是不明白他为什么要拒绝，我直言回答是的。

对方说："这是你写的东西，投稿之后赚的稿费也是你的，我要搭上时间给你看，还要给你指导，凭什么呢？再说你能给我提供什么呢？"

他一句话问得我哑口无言，是啊，对方为什么要帮助我呢？这不过是我的期望，因为对方从来没有想过给我帮助。

这一切都是我想得太美好了，我以为他不会拒绝，以为他会帮助我，但是我忽略了自己能给对方提供什么。

人与人之间的相处真的特别现实，你给人七分帮助，别人可能会给你六分帮助，但如果你没有给人一分帮助，那么别人凭什么帮助你呢？

任何时候都要知道，人与人之间讲求的是等价交换，如果做不到这点，那么这段关系也很难维持，毕竟谁也没有义务为对方提供服务，不是吗？

人在低谷，请努力自救

人生有太多的麻烦事情，如果你被这些麻烦事打倒了，就很难体会到人生的乐趣。当你深陷低谷的时候不要去指望任何人，因为别人帮你是情分，不帮你是本分。

在低谷的时候，我们唯一能做的就是自救，努力强大自己，这样我们才会有一个精彩的人生。

学会自救是一个人了不起的能力，当一个人有了这样的能力，就算生活暂时陷入低谷了，也早晚会拨开云雾见天晴。

著名作家柳青曾说："人生的道路虽然漫长，但紧要处常常只有几步，特别是当人年轻的时候。"

实际上真的是这样，这几步若是你能走好了，人生何愁不精彩呢？就怕你不想走，寄希望于别人，一旦别人不能给你提供帮助，你就失去了解决问题的能力。

很多人觉得能依靠别人是一种幸运，其实这是一种不幸，因为过度依赖别人，结果只能是耽误自己的成长。

懂得自救的人才是生活的智者，就算他们暂时身处黑暗，心中也会有日月星辰；就算暂时被困难包围，也总会突破。

诚然，人这一辈子很难，但就算再难我们也不要指望别人的救赎，而是努力让自己变得更强大，唯有如此，生活才会越过越好，不是吗？

第三节

与其期待别人，不如强大自己

在这个世界上，很多人觉得优秀的人都是天生的，实际上并不是，优秀的人敢于对自己的懒惰下狠手，能忍受凤凰涅槃的疼痛，让自己蜕变。

他们知道只要逼自己努力，掌声也许会来迟，但绝对不会缺席，他们知道当自己强大起来，就能独当一面。

每个人都是有潜能的，一个人只有努力逼自己优秀，身边的人才愿意与你交往，因为从你身上他们能看到希望。

战胜困难，才能拨开云雾见天晴

很多时候我们努力了，可能得不到想要的结果，但如果不努力，那么一定得不到想要的结果。

渴望蜕变，就不要畏惧面前的荆棘，都想出人头地，就要想着为梦想奋力一搏，既然选择了远方，那么就要风雨兼程。

当你让自己变得优秀了，那么身边的人才愿意靠近你，才更愿意与你有交集。

有一个灰心丧气的年轻人，因科举没考上，便颓废不堪，一蹶不振，整天把自己关在屋子里，抱头痛哭。

有一天，一位老者跨进门，语重心长地说："假如山上滑坡，你该怎么办？"

年轻人想也没想就说:"往下跑。"

老者仰头大笑:"那你就葬身山中了,你应该往山上跑,你只有勇敢地面对它,才有生还的希望,天下事皆然。"

老者说完后,年轻人恍然大悟。

人生的路本来就充满艰辛,磕磕碰碰也是难免的,但千万不要因挫折而垂头丧气,也不要因失败抱怨满腹,如果你很认真、很努力,最坏的结果也不过是大器晚成。

人生在世,遇到困难是很正常的事,既然遇到了,那么就勇敢去面对,不要被困难吓倒,要想办法战胜它,面对挫折只有选择迎难而上,才有可能突破重围,拨开云雾见天晴。

逼迫自己优秀,骄傲地生活

活在这个世上,永远不要怪别人对你的态度,因为他们对你的态度取决于你的实力,倘若你是有实力的人,那么别人自然愿意靠近。

若是你没有实力,那么和优秀的人是不可能有交集的,他们不会和你共事,因为这对他们来说没有一点好处。

活着就不要怀疑自己,如果不逼自己一把,你永远会为自己的懒惰找理由,只有努力地拼一下,你才会知道自己能达到什么样的高峰,才会发现自己能厉害到什么样的程度。

一个努力逼迫自己优秀的人,身边也到处是优秀的人,一生都能得到幸福的眷顾。

诚然,在这个世界上不是每个人都能迎来鲜花和掌声,但优秀努力的人一定能受到大家真正的尊重。

我们不是智者,悟不透全部的人生哲学;我们不是禅者,也不可能释然尘世一切，但我们知道自己要过什么样的生活，要为了这样的生活拼尽全力。

　　人生没有白走的路，每一步都算数，路就在我们的脚下，如果不迈步，那么永远不会到达终点，如果已经开始迈步了，那么就算终点再远，也终究会有到达的一天，不是吗？

第四节

穷在闹市无人问，富在深山有远亲

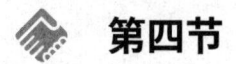

俗话说："穷在闹市无人问，富在深山有远亲。"

以前总以为，当自己有困难的时候，会有人帮助自己，但后来发现是自己想多了。这个世界上本来就是雪中送炭的人少，锦上添花的人多。

当你足够弱的时候，身边的人可能都会躲着；当你足够优秀了，整个世界都会对你和颜悦色；当你不优秀了，别人根本不想帮你。

你越弱，欺负你的人越多

不管你信或者不信，当你强大时，身边的好人就会增多，大家就会对你和颜悦色；而当你最弱的时候，欺负你的人是最多的，大家对你的态度会很不友好。

一个人在自己很弱的时候，遇到的坏人最多，最容易受尽委屈、四处碰壁，人生的路也就更加难走。

在我们软弱的时候就要逼着自己强大，一旦你足够强大了，那么就没有敢欺负你的人，就能更好地实现自己的价值了。

这点，唐宣宗李忱特别有体会。他是唐宪宗李纯的第13个孩子，人称"小太宗"。

作为皇子，李忱并不受皇帝重视，因为出身卑微，即使别人恶语相向,他也忍气吞声,竟然装疯卖傻长达36年。

除了李忱的母亲郑氏,没有人知道李忱装疯卖傻的真相。

唐武宗李炎也不把自己的叔叔放在眼里,甚至还欺负自己的叔叔,目的在于取乐,称他为"光叔"。无权无势的李忱被逼无奈只得忍受屈辱,生活十分艰难。

后来,忍辱负重36年的李忱终于让自己变强大了,当他翻身后立即杀死太监马元贽,抑制了宦官的权力,平定了南疆地区,解决了边境祸乱,成了一位非常出色的皇帝。

如果李忱当时不逼着自己强大,可能一生就彻底被毁了。

当你功成名就的时候,大家都会纷至沓来;当你落魄不堪的时候,没有人会帮你,你只能独自蹲在墙角哭泣。

不要怪任何人,你要做的不是抱怨,而是让自己变得足够优秀,只有这样整个世界才会对你友好起来。

只有变强,生活才会变好

在生活中,当我们遇到困难的时候,我们或许会下意识地寻求他人的帮助。其实,在这个世界上,没有人是有义务必须帮助你的。所以,我们应该不断地提升自我,要相信,当自己的能力变强时,那些困扰我们的问题自然也就会被我们轻而易举地解决了。

如果你一直把希望寄托在别人身上,那么自然会特别失望,你要做的是靠自己,当自己困难时,有人落井下石,那么等你变好了,也没必要帮他们,毕竟人与人之间是相互的。

生活没有我们想象的那样美好,它很残酷,会遇到很多问题,但只要你铆足劲往前冲一点，结果就会好一点，好人就会多一点。

活在这个世上与其哀叹自己的软弱，还不如强大自己，只有这样你未来的路才会越走越好，越走越宽。

当你站在足够的高度时，你的人生就会足够精彩，不是吗？

第五节

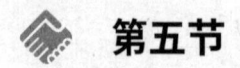

最舒服的关系，不讨好也不迁就

一直以来，我们都在寻找最舒服的关系，以为自己只要足够委曲求全、足够迁就能把和别人的关系处理好，但后来发现并不是这样。

真正舒服的感情不需要刻意的迁就和讨好，那样的感情真的不会长久，人与人之间是相互的，倘若相处起来不自在，那还不如不相处。

不要觉得委屈自己，别人就会理解，你越委屈自己，对方越不会当回事，最后痛苦的只能是你自己。

真正想和你相处的人，不会令你受委屈，只有不在乎你的人，才看不到你的好，无论你做什么在他看来都不重要。

讨好的关系，走不远

朋友也罢，夫妻也好，若是太计较了就会出问题，只有别计较，用一颗宽容的心去面对所有的事情，才不会让自己痛苦。

可能在工作中你会和别人弄得不愉快，但这又有什么呢？与其一直计较下去让自己不开心，让彼此的关系变得尴尬，还不如看开一些。

才女作家苏青，为了丈夫放弃学业，在家相夫教子，她原本以为自己付出这么多可以换来婚姻美满，最后发现并非如此。

做全职太太的时候，丈夫完全看不到她的付出，对她动辄打骂，完全不体贴她的牺牲，婆婆也时常冷嘲热讽，疾言厉色。

后来，苏青选择不在这段关系里委曲求全，和丈夫离婚，重新开始写作，最后写成《结婚十年》，成为上海文坛炙手可热的写作大家。

活在这个世界上，我们常常费尽心思去讨好别人，希望以此获得喜欢和认可，殊不知这样只会让自己更痛苦，因为讨来的感情，再好也无法长久，再近也不会亲密无间。

好的关系，是我赠你阳春三月，你赠我桃花阳光，是两个人的共同奔赴，而不是一个人的刻意维护。

人与人之间只有不刻意讨好，才能更好地相处，日子才会过得舒心快乐。

需要讨好的关系，不要也罢

两个人相处为的是快乐幸福，若是在一起之后你总需要刻意讨好对方，甚至为了让对方开心而掩盖自己的情绪，这就没意思了。

感情是两个人的事情，你敬我一尺，我敬你一丈，才会相处愉快，若是总把自己放在卑微的位置上讨好对方，想必也不会过得快乐吧。

讨好别人真的很累，会让你非常痛苦，与其费力讨好别人，不如先学会爱自己，当你懂得爱自己了，那么全世界都会来爱你。

在这个世界上，真正愿意和你相处的人，是不需要讨好的，他知道你是什么样的人，也明白你的付出，和这样的人相处才会无拘无束，才会快乐。

我们这一生追求的不是委屈自己的关系，而是顺其自然的关系。

一段关系如果需要讨好才能维护，那么证明这段关系就没有任何意义了，貌合神离掩盖不了关系破裂的事实。

余生很长，希望我们每个人都不要委屈自己讨好别人，找一个能相处舒服的人，这样才能把未来的日子过成最美丽的诗篇，共勉！

第六节

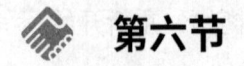

谁都靠不住，除非你有用

俗话说得好："靠山山会倒，靠水水会流；靠庙庙会塌，靠神神会跑。"

在人生这条路上，我们总喜欢靠别人，以为对方能靠得住，能帮助自己过上无忧幸福的生活。但最后却发现谁都靠不住，最终还得靠自己。

生活在这世上，不能指望别人，只有依靠自己，人生才会更加精彩。

靠人不如靠己

俗话说："画眉麻雀不同嗓，金鸡乌鸦不同窝。"

在这个世界上人与人之间是不同的，不一样的人就很难在一起相处，能力不同的人关系也很难持久。

遇到事情，我们喜欢求助别人，把希望寄托在别人身上，以为这样就能解决问题，殊不知这会让自己输得很惨。

真正聪明的人知道在这个世上谁都靠不住，他们知道人与人之间的关系是相互交换，只能靠自己，才能走好自己的路。

我曾看到这样一个故事，特别有感触。

有一天，一个人在屋檐下躲雨，看见观音正撑伞走过，这个人对观音菩萨说："观音菩萨，普度一下众生吧，带我一段如何？"

观音说："我在雨里，你在檐下，而檐下无雨，你不需要我度。"说完这人立刻跳出檐下，站在雨中说道："现在我也在雨中了，该度我了吧？"

观音说："你在雨中，我也在雨中，我不被淋，因为有伞；你被雨淋，因为无伞。所以不是我度自己，而是伞度我。你要想度，不必找我，请自己找伞去！"说完便走了。

还有一个人遇到了难事，便去寺庙里求观音。走进庙里，才发现观音的像前也有一个人在拜，那个人长得和观音一模一样，丝毫不差。

这人问："你是观音吗？"那人答道："我正是观音。"这人又问："那你为何还拜自己？"观音笑道："我也遇到了难事，但我知道，求人不如求己。"

人与人之间是可以相互依靠的，但这是需要条件的，若你没有和别人旗鼓相当的条件，那么别人为何要帮助你呢？

成年人之间的关系有时候很脆弱，当你意气风发时有多少人想来巴结你，当你一事无成时自然又有很多人想马上远离你。

这世上从来没有绝对靠谱的关系，任何一段关系都是建立在彼此的价值上的。

人生实苦，唯有自渡

人这一生，实属不易，万般皆苦，唯有自渡。

没有遇到事情之前，我们以为每个人都是靠谱的人；遇到事之后，我们才发现并非如此，才能分清谁是真心谁又是假意。

也终于懂得，在人生这个大舞台上有些人只会锦上添花，不会雪中送炭；有些人，只会火上浇油，不会坦诚相待。

与其把自己交给不靠谱的别人，不如努力靠自己，虽然暂时会山穷水尽，但只要挺过去了，你就会发现柳暗花明。

人生说到底，就是一场磨砺的苦旅，风雨是历练，阳光是希望，顺境是运气，逆境磨勇气，只有靠自己努力付出，才能收获想要的东西。

人生虽然实苦，但我们完全可以自度，在未来的日子里，只要你愿意学习，努力提升自己，那么自然就会迎来你光辉灿烂的人生。

第七节

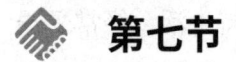

低头做事，是为了更好抬头做人

常言道，人在屋檐下，不得不低头。

人生在世，我们常常会被一些环境制约，这个时候就要懂得低头了，因为只有低头才能把事情处理得更好。

真正聪明的人都是懂得低头的，当然低头并不是无能的体现，而是为了积蓄力量，更好地抬头。

越是成熟的人越会低头踏踏实实做事，然后抬头认认真真做人，这样的人才能更好地实现自己的人生价值。

低头做事，是为了抬头做人，是为人处世的大智慧。

成大事者，懂得低头

苏格拉底说："凡是身高超过尺的人，想在天地之间长久立足，就必须学会低头。"

我们这一生会遇到很多事情，倘若当时的形势不利于自己，那么就要懂得低头，因为只有低头了才会有机会，若是不低头，那么就直接没机会了。

大丈夫能屈能伸，该屈的时候就要屈，千万不要逞强，否则只会害了自己。

这点西汉名将韩信就做得非常好。

韩信很小的时候就失去了父母，主要靠钓鱼换钱维持生活，经常受一位靠漂洗丝絮为生的老妇人的施舍，屡屡遭到周围人的歧视和冷遇。

一次，一群恶少当众羞辱韩信。

有一个屠夫对韩信说："你虽然长得又高又大，喜欢带刀佩剑，其实你胆子小得很。有本事的话，你敢用你的佩剑来刺我吗？如果不敢，就从我的裤裆下钻过去。"

当时的韩信自知形单影只，硬拼肯定吃亏。于是，当着许多人的面，从那个屠夫的裤裆下钻了过去。

如果当时韩信没有低头，那么就不会有后面的成就了，正是因为懂得低头，韩信才让自己成了一代名将。

能成大事的人，会明白自己的不足，遇到事情会分析自己的处境，若是处境非常不好，那么则会低头，不争强好胜。

懂得退让，才能过好一生

俗话说："忍一时，风平浪静；退一步，海阔天空。"

可现实生活中，很多人不懂得忍让，最后让自己输得特别惨，甚至有性命之忧。

人这一生本来就有很多坎坷，面对这些坎坷，我们就要学会忍让，而不是争强好胜让自己锋芒外露。

人无完人，事无完事，再厉害的人也有遇到危险的时候，若这个时候你非得硬碰硬，那么吃亏的只能是自己。

留得青山在才不愁没柴烧，若是青山都没了，那么就等于什么也没有了。

如果项羽当时在乌江畔没有选择自刎，而是忍受屈辱暂时退避到江东，那么天下很可能就不是刘邦的了。

可项羽没有这么做，他不想屈服，觉得无颜面对江东父老，做不到能屈能伸，那么天下自然与他无缘。

人生在世，要学会低头，低头不是认输，而是为了给自己时间养精蓄锐，待到自己有能力时卷土重来，这样才会得到自己想要的。

往后余生，希望每个人都能学会低头，做到退让有度，远离是非，这样才不会出现问题。

第九章
任何人际关系，都需要用心经营

第一节

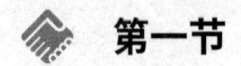

好的关系，不怕麻烦

在这个世界上，没有谁的人生是一直顺风顺水的，总会遇到一些困难和困惑，这个时候懂得求助别人就非常重要。

不要觉得麻烦别人会让彼此的关系变差，殊不知不仅不会变差，反而会让彼此的关系变得更好。

真正好的关系，一定是不怕麻烦的。

只有彼此麻烦，彼此的交流才会增多，感情才会变得越来越好，关系才会长久和谐。

人与人的关系本来就是相互麻烦的过程，没有了麻烦，也就等于没有了人情味，彼此之间也就变成了熟悉的陌生人。

懂得求助，是了不起的能力

在这个世界上，没有人是一座孤岛，也没有人能真正地与世隔绝，既然要相互依存，那么懂得求助就很重要。

虽然很多事我们自己能解决，但并不代表我们能解决所有的事，有些事还是需要寻求别人帮助，只有这样才能取得事半功倍的效果。

不要害怕求助别人会破坏关系，其实适当的求助能拉近彼此的关系，若你遇事向别人求助了，那么别人遇事自然也会向你求助。一来二去，彼此的关系怎么可能不好呢？

懂得求助就会拥抱幸福，不懂得求助只会痛苦。

在天堂和地狱，人们都有一样长的勺子，用来吃饭。

虽然勺子一样，但天堂和地狱的人却过着完全不一样的生活。在地狱，人们因为勺子太长，自己无法将食物送入口中，所以只能忍受饥饿和痛苦。而在天堂，人们用长勺子喂食对方，因此大家都吃得饱饱的，快乐无比。

天堂和地狱之所以会出现截然不同的两种结果，是因为天堂的人懂得相互麻烦，而地狱的人则做不到。

卡耐基在《人性的弱点》中曾写过这样一句话："如果想让交情变得长久，那么你得让别人适当为你做一点小事，这会让别人有存在感和被需要感。"

人与人之间只有相互麻烦，才能让彼此的关系更长久。

求助，要把握尺度

《礼记·曲礼上》有云："礼尚往来。往而不来，非礼也；来而不往，亦非礼也。"

虽然懂得麻烦别人很重要，但也要把握尺度，要注意分寸，不要把麻烦别人当成理所当然，这样彼此的关系才会更长久。

这点胡适就做得特别好，他住在研究院宿舍的时候，妻子违反规定打麻将，他屡劝不止，只好带着妻子搬了出去。

当时很多人不理解，因为院长是胡适的学生，打个麻将也不是什么大事儿，只需要胡适跟院长说一声就行了。

但胡适不这么认为，正因为对方是自己的学生，所以他才不能麻烦对方。

在麻烦别人这个问题上，胡适告诫儿子说："人和人之间，一定要谨守分寸，不冒犯、不打扰，这样才能不惹麻烦。"

我们在麻烦别人的时候，一定要把握尺度，知道什么该麻烦，什么不该麻烦，鸡毛蒜皮的小事就不要麻烦了，这样才不会让人反感。

往后余生，愿我们每个人都懂得麻烦别人，但不要事事麻烦别人，这样彼此的关系才能走得更远，不是吗？

第二节

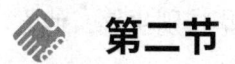

朋友不能远，真心不能丢

孟子曾说："爱人者，人恒爱之；敬人者，人恒敬之。"

人与人都是相互的，当别人对你付出了真心，你一定要用真心来换；倘若别人对你付出了真心，你却虚情假意，那么别人自然就会心寒离开。

人活一世，再穷再难，都要真心对待朋友，不能别人拿出了真心，你却虚情假意，否则最终会搬起石头砸自己的脚。

朋友不能远

朋友在我们的人生中太重要了，倘若能得一良师益友，那么会给自己的未来锦上添花。在与朋友的相处中，我们要真诚相对，只有这样这份友情才能地久天长。

如果你对朋友虚情假意，遇到事情了才想起对方了，没事的时候几乎没有往来，那么彼此的感情也很难继续下去。

有些人特别喜欢骗朋友，以为这样能赚大便宜，但最后却成为众矢之的。在人际交往中，一个人只有把朋友放在心上，不去欺骗，对方才会从心底里感激你。

宋代，谏议大夫陈省华外出归来，路过马厩时，发现马厩里那匹难以驯服的烈马失踪了。他询问正在喂马的仆人，马哪里去了。

仆人说这匹马被公子的朋友买去了，这个时候陈省华特别生气，他觉得儿子欺骗了朋友，因此就去质问儿子："你明知道驯马人都无法驯服它，还将它卖给你朋友，不是在骗他、伤害他吗？你赶紧去把马找回来。"

儿子听父亲说完后羞愧难当，便向朋友主动退钱，要回了马，并向他道歉。朋友十分感动，觉得他是可以相处一生的人。

朱熹说："欺人亦是自欺，此又是自欺之甚者。"

朋友相处不要疏远，因为时间长了，感情就淡了；朋友相处更不要欺骗，因为每个人都不傻，被你骗久了，这份情谊也就结束了。

朋友一生一起走，一辈子，一生情，这一生能相遇实属不易，既然遇到了，就好好珍惜吧。

真心不能丢

人与人相处，最重要的就是真心。倘若一个人丢了真心，就等于丢了自己。活在这个世界上不要觉得真心不重要，实际上真心是最重要的。

每个人的真心都很贵，都不能被伤害，一旦被伤害了，彼此的关系也就结束了。

任何时候都要知道，以心换心，是这世上最公平的交易。没有人愿意拿自己的真心换取别人的虚情假意。

我们这一生能遇到对自己真心付出的人，实在不是一件容易的事，所以千万不要让对方寒心，因为一旦让对方寒心了，就再也焐不热了。

如果朋友对我们是真心实意的，我们理应用真心回馈他们，只有这样彼此才能相处融洽，让这一段关系更加长久和谐。

越长大越懂得真心的重要性，一个人也只有用真心才能换来真心；原来不疏远才是朋友相处的真谛，原来长久的关系需要彼此相互付出。

世界匆匆忙忙，不是所有人都愿意为你停留，当你历尽千帆，终将会明白：那些善待过自己的人，都是上帝馈赠的礼物。

余生不长，你终会记住每一个人的好。

第三节

三观不合，不必凑合

一直以为人与人最远的距离是生与死，后来才知道是三观。

在这个世上，每个人都想要一份舒服的关系，这看似简单实则很难，因为相处舒服的关系前提是三观一致，只有这样才能久处不厌。

若是三观不一致，那么彼此的交谈就是鸡同鸭讲，两人完全不在一个频道上，不仅浪费时间，还会产生不必要的误会，让彼此的关系更加尴尬。

道不同，不相为谋

常言道：知我者谓我心忧，不知我者谓我何求。

人与人相处，三观特别重要。三观相同，你不用多说话，对方也知道你想什么；三观不同，就算你苦口婆心，依然无济于事。

三观不同的人是不能在一起的，就算暂时在一起也早晚会出问题。

《三国演义》中，曹操和陈宫就是因为三观不合而分道扬镳了。

他们两个人是亦敌亦友的关系，在陈宫的多次帮助下，曹操才一步步成长发展，不过陈宫也给曹操闹出不少麻烦事。

当时曹操刺杀董卓失败之后，便开始逃亡，投宿至吕伯奢府上，吕伯奢收留二人，还亲自去西村买好酒款待他们。

在此期间，曹操听到府中后堂有磨刀的声音，猜疑吕伯奢一家打算将自己供出，于是将吕家人全部杀害。

等两人到了后堂发现吕家磨刀其实只是为了杀猪款待，犯下的错事已经无力挽回，只好赶忙逃走。

在路途中与西村买酒的吕伯奢相遇，只因曹操害怕暴露事情，吕伯奢也因此惨遭毒手。

陈宫看到曹操是这样的人，便选择果断远离了，因为两个人的三观完全不同，自然也就没必要继续相处了。

永远不要向三观不同的人解释，因为这是徒劳的，就算你用尽全力，他依然会置若罔闻，就像村上春树说的那样："世上存在着不能流泪的悲哀，这种悲哀无法向任何人解释，即使解释人家也不会理解。"

两个人在一起，既然三观不合无法改变，就不要执着苛求了，与其捆绑在一起让彼此痛苦，还不如果断远离，寻求快乐。

三观不同，不必强求

《论语》有言："君子和而不同，小人同而不和。"

这个世界上没有绝对的对与错，每个人站的角度不同，对问题的认识自然就不同，没必要去盲目争辩，这不过是在浪费自己的时间与精力。

三观不合终究不是一路人，强求到最后不过是给彼此增加痛苦罢了；三观相同才是一路人，就算中间会遇到很多误会，也依然会一直走下去。

人生不长，没必要为难自己和别人，三观相同的人相处得舒服就好好珍惜；三观不合的人相处得很累就果断拒绝，只有这样，两人才不会活得痛苦。

《千与千寻》中有这样一句话："人生就是一列开往坟墓的列车，路途上会有很多站，很难有人可以自始至终陪着走完，当陪你的人要下车时，即使不舍,也该心存感激,然后挥手道别。"

话要说给懂的人听;快乐要给对的人分享;悲伤要向理解你的人倾诉,否则你的话成了唠叨,欢喜成了炫耀,悲伤也成了矫揉造作。

人生苦短,精力有限,与其强行相处,不如好聚好散,人生很贵,你的好要留给值得的人。

第四节

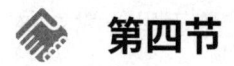

卸下伪装，不要做套子里的人

俗话说，害人之心不可有，防人之心不可无。

在这个世界上，真正的朋友一定是坦诚相待的，他们在人际交往中会卸下伪装，不会做套子里的人。

真朋友之间一就是一，二就是二，从来不来虚的。

一路走来，我们会遇到很多人，有些人是真诚的人，有些人是虚伪的人，对方若是真诚的人，我们要用心交往，对方若是虚伪的人，则远离。

在与人交往中，我们不能一味地相信别人，不要毫无保留地掏出自己的真心，否则痛苦的只能是你自己。

虚伪的人，要远离

《菜根谭》有句话说得极好："君子而诈善，无异小人之肆恶；君子而改节，不及小人之自新。"

人际关系中，虚伪的人基本都是伪君子，他们表面上看非常和善，实际上内心十分阴险，他们做事只考虑自己，而且圆滑至极、滴水不漏。

比如《笑傲江湖》中的岳不群，他就是虚伪至极的人，他人前大义凛然，人后则又是另一副模样。

岳不群的行为不仅让陌生人难以觉察，甚至连妻女和徒弟都难以觉察，所有的人都觉得他是正义的化身，但实际并不是。

岳不群不仅虚伪，而且特别坏，他收徒也是为了徒弟手里的武学秘籍，尽管特别想得到，但却装出来完全不想得到的样子。

虚伪的人永远不会拿出自己的真心，一旦你与之交往，那么只会给你带来伤害。

因此，在人际交往中，我们暂时不要拿出自己的真心，让时间来证明一切，只有这样，才能更好地保护好自己。

虚伪的人真的很可怕，但是就算再可怕，也终究会露出马脚，一辈子也不会有什么大出息，因为一个人的心坏了，他的世界也就坏了。当一个人的世界坏了，自然就不会有好的未来了。

真诚，才能得到人心

我们这一生会遇见很多人，有些人可以交心，有些人则不能，对于值得交心的人，我们不能让对方寒了心，只有这样彼此的关系才会长久。

任何时候都要知道，如果一个人抱有目的性地去交友，那收获的也必然是虚情假意。

一个人弄虚作假多了，在别人的心目中就已经贬值了；失信得多了，在别人心目中的信誉就没有了。只有推心置腹，拿出自己的真心才能收获一段真诚的情谊。

假话少说，能做到问心无愧；真话多说，能做到心安理得。贪婪未必有好因果，真诚却能得人心。

人与人之间永远是相互的，做人，想要别人真诚待你，首先要做到真诚待人。如果一个人总想着算计，那么最后吃亏的是自己，因为算计到最后，难免也会被人算计。

人生苦短，如果对方是真心的，那么在交往中要懂得卸下伪装，不要让对方真心错付，唯有如此，才不会让对方心寒。

人活一世，坦坦荡荡做人，实实在在交友，认认真真做事，清清白白生活，这才是人生的真谛，不是吗？

第五节

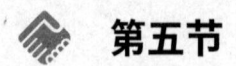

把握好分寸，关系更长久

你可能觉得真正的朋友是要不断靠近的，这样彼此的关系才会更亲密，实则并不是，靠得太近的关系是很难有好结果的。

真正好的关系是远一点，慢一点，彼此不要太快开始，要保持适当的距离。

正如梁实秋曾在《谈友谊》中所言："与朋友交，久而敬之，敬也就是保持距离，也就是防止过分亲昵，友谊不可透支，总要保留几分。"

若想要彼此的关系长久，那么不要着急开始；若彼此是很好的朋友，则要注重分寸感，这才是最好的，才不会出任何问题。

远一点，距离才会产生美

很多时候我们觉得要想关系好，就要走得很近，实际上并不是这样，朋友之间若走得很近，就没了分寸感，友谊就会出问题。

只有不远不近，保持适当的距离，彼此的关系才不会受到影响。

画家黄永玉在一篇散文中，记录了与钱锺书交往的故事，读后特别有感触。

黄家和钱家曾是邻居，两家相距不到200米，可20多年来，尽管交情匪浅，黄永玉却只去钱家拜访过两次。

他深知钱锺书爱独处，生怕自己会打扰到他的清静。有时家乡送来一些特产，他拿些给钱锺书，也只是先打电话告知，送到钱家门口就回了。

钱锺书在闲暇时，若登门拜访，也会先询问黄永玉是否有空。虽然两家距离很近，但没有因为近而进退失度，他们的关系不但没有疏远，反倒日渐深厚。

人与人之间的相处不能太近也不能太远，太远了彼此之间就没有交集了，很可能会变成熟悉的陌生人，太近了彼此之间容易被扎到，一旦彼此的心里有了芥蒂，这段感情也就结束了。

分寸感确实是一个人成熟的标志，也就是说你懂得分寸感了，也就懂得怎么和别人交往了。

两个人就算关系再好，也不要肆无忌惮地入侵他人的生活，否则不仅不会让这段关系变好，反而会让这段关系更加糟糕。

慢一点，友谊长一点

常言道："饭未煮熟，不能妄自一开；蛋未孵成，不能妄自一啄。"

这句话告诉我们在饭还没有煮熟的时候，不能轻率地打开锅盖；在鸡蛋还没有孵化成小鸡的时候，不要随意去啄蛋，要有耐心。

现代人对朋友的定义似乎和以前不一样了，以前的友谊节奏会很慢，但现在好像只要在一起吃一顿饭喝一顿酒就会成为朋友。

我们把友谊的门槛设置得越来越低，以为交到了真心的朋友，最后才发现不过是酒肉朋友，以为对方是值得一辈子相处的人，后来才发现不过是有短暂交集的陌生人。

相处中，倘若对方没有伤害你还好，但如果对方伤害你了，你就会特别后悔拥有这份友谊。

既然如此，还不如节奏慢一点，真正长久的关系拼的从来都不是速度，而是时间，就算友谊之花开得比较慢，但持续时间会比较长。

友谊慢一点没有关系，只要持久就行，真正的友谊不会因为时间而消散，只会变得更加持久。

往后余生，愿我们每个人在交友的时候能保持合适的距离，让友情开始得慢一点，彼此的距离远一点，唯有如此，感情才会长久一点，不是吗？

第六节

靠谱的人，值得深交

我曾在知乎上看过一个提问：你觉得什么样的人最值得深交？

底下的评论非常多，有人说有能力的人值得深交，也有人说有物质基础的人值得深交，还有人说学识渊博的人值得深交，但高赞回答却是靠谱的人值得深交。

答案为什么是靠谱呢？因为靠谱是比聪明更重要的品质，一个人若是靠谱了，交往起来会给人一种如沐春风的感觉。

靠谱的人之所以能够给人这种感觉，是因为靠谱的人低调谦卑，有担当，重情重义。任何时候都要知道，靠谱是做人的最高境界，也是一个人最好的品质。

此生，能遇到靠谱的人真的是一种福气，我们要尽量和这样的人同行，唯有如此才能走好未来的路。

靠谱的人，最讲原则

社会就像一个巨大的照妖镜，很多人在这个照妖镜面前现了原形，但靠谱的人却依然能坚持自我，守住初心，因为他们最讲原则。

遇到事情，他们宁愿自己委屈也不会让别人吃亏，在他们的眼里知道什么可做，什么不可做，若是一件事不可做，就算利益、诱惑再大也会拒绝。

宋朝人查道就是一个特别靠谱的人，一天早上他和仆人看望远方的亲戚。

到了中午，两个人都饿了，可路上没有饭铺，怎么办呢？仆人建议从送人的礼物中拿一些来吃。查道表示这样做不行，这些礼物既然要送人，便是人家的东西了，要讲原则，不能偷吃，结果两人只好饿着肚子继续赶路。

走着走着，路旁出现一个枣园。枣树上挂满了熟透的枣子。查道和仆人本来已经饿得发慌，便停了下来。查道叫仆人去树上采些枣子来吃。

两人吃完枣，查道拿出一串钱，挂在采过枣子的树上。查道表示虽然枣主人不在，也没有别人看见，既然吃了人家的枣子，就应该给钱。

靠谱的人不会算计别人，不会为了利益不择手段，他们知道算计别人就算暂时会过得很好，也终究会搬起石头砸自己的脚，到那时就晚了。

他们言出必行，待人特别真诚，永远不会让人失望。

有人曾说过："靠谱最重要的，莫过于真诚，而且要出自内心的真诚。靠谱在社会上是无往不利的一把剑，走到哪里都应该带着它。"

由此可见，靠谱对一个人来说真的太重要了，它是一个人行走于世间的万能通行证。

靠谱的人，最谦卑

《道德经》中有这样一句话："自是者不彰；自伐者无功；自矜者不长。"

这句话的意思很简单，就是说为人处世，不可居功自傲，应该谦卑、懂得包容万物，这才是值得相处的人。

靠谱的人恰好是这样的人，他们特别懂得谦卑，即便对方是错的也会顾及他的颜面，而不是自视清高，完全不把别人放在眼里。

靠谱的人像太阳，照到哪里哪里亮；不靠谱的人像月亮，初一十五两个样。

希望我们每个人都能做一个靠谱的人，低调谦卑地做人做事，而不是自大傲慢地刷存在感，只有这样，别人和我们相处起来才会更踏实。

俗话说，人外有人，山外有山。一个嚣张跋扈的人很难让人有靠谱的感觉，也很难走好属于自己的路；只有低调谦卑、让人感觉靠谱的人，未来的路才会走得更顺畅。

余生很短，愿我们能和靠谱的人交往，不忘初心，只有这样我们这一生才会足够精彩，足够幸福。

第七节

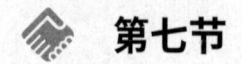

凡事有交代，事事有回应

人生在世，我们难免会和很多人有交集，会有事情求助别人，求助别人的时候，无论事情办得怎样，我们都想要一个结果。

希望这件事，对方能有个回应，可有些人就是迟迟不给你回复，只是让你一直等着，这样的人我们就没必要继续交往了。

凡事有交代，事事有回应的人，才值得我们用一辈子来深交。

大事见能力，小事见人品

罗振宇在《奇葩说》里讲过这样一句话："最没前途的一种人，就是那些凡事无交代，做事不沟通的人。"

人与人之间是需要沟通的，是需要有回应的，能做就是能做，不能做就是不能做，没必要遮遮掩掩，弄得特别神秘。

与人交往就要做到言出必行，答应别人的事无论做得成还是做不成都要给别人回复，这样别人才知道你的意思。

倘若你没有回复，没有交代，也没有回应，那么时间长了，别人就会离你而去，因为他知道你是什么样的人了。

凡事有所交代的人，才是值得交往的人，这样的人有好人品与大格局。

战国时期的魏文侯就是这样的人。有一次，他与掌管山林的虞人相约一起去打猎。然而那天，魏文侯忘了这件事，与亲信喝酒作乐，很是开心。

突然外面下起了大雨，魏文侯这才想起要与虞人打猎的事情，于是立马起身准备出发。

旁边的人便劝他，表示雨这么大就不要去了，但魏文侯并没有听，他觉得既然已经约定好了，那么就要遵守诺言。

说完，他便冒雨出门，到约定好的地点，跟虞人说明，因为天气不好，故取消这次打猎活动。

其实，作为一国之君，魏文侯完全没必要亲自赴约。但他为了给对方一个交代，还是如约和虞人见了一面。

这件事情传到了百姓耳中，百姓们纷纷称赞，他们觉得做大事就要像魏文侯一样，做到言出必行、事有交代、负责到底。

凡事有交代，件件有回应，是一个人最好的人品；这样的人，别人才愿意与之相处，才会有一个好的未来。

凡事有交代，是对别人的尊重

一件事不一定非得有好的结果，行或者不行直接明说，没必要一直拖着。

与人相处，不要觉得凡事有交代并不重要，实则非常重要，这是对别人最起码的尊重。当你能做到凡事有交代时，别人就愿意与你相处。

凡事有交代的人，一定会站在对方的角度去思考问题。他们有着强烈的责任感，做起事来也会有始有终。正是这种推己及人的思维习惯，让他们未来的路走得越来越好。

人与人之间是相互的，你尊重了别人，那么别人自然也会尊重你，若是事事没有交代，总是让别人猜来猜去，那么别人是不愿意与你相处的。

在人际交往中，大多数人都喜欢和凡事有交代的人交往，至少他们不会让我们干着急地等着，会给我们一个明确的答复。

一个人是什么样的人，通过他做事就能看出来，那些能做到凡事有交代，事事有回应的人，运气往往不会太差，不是吗？

第十章

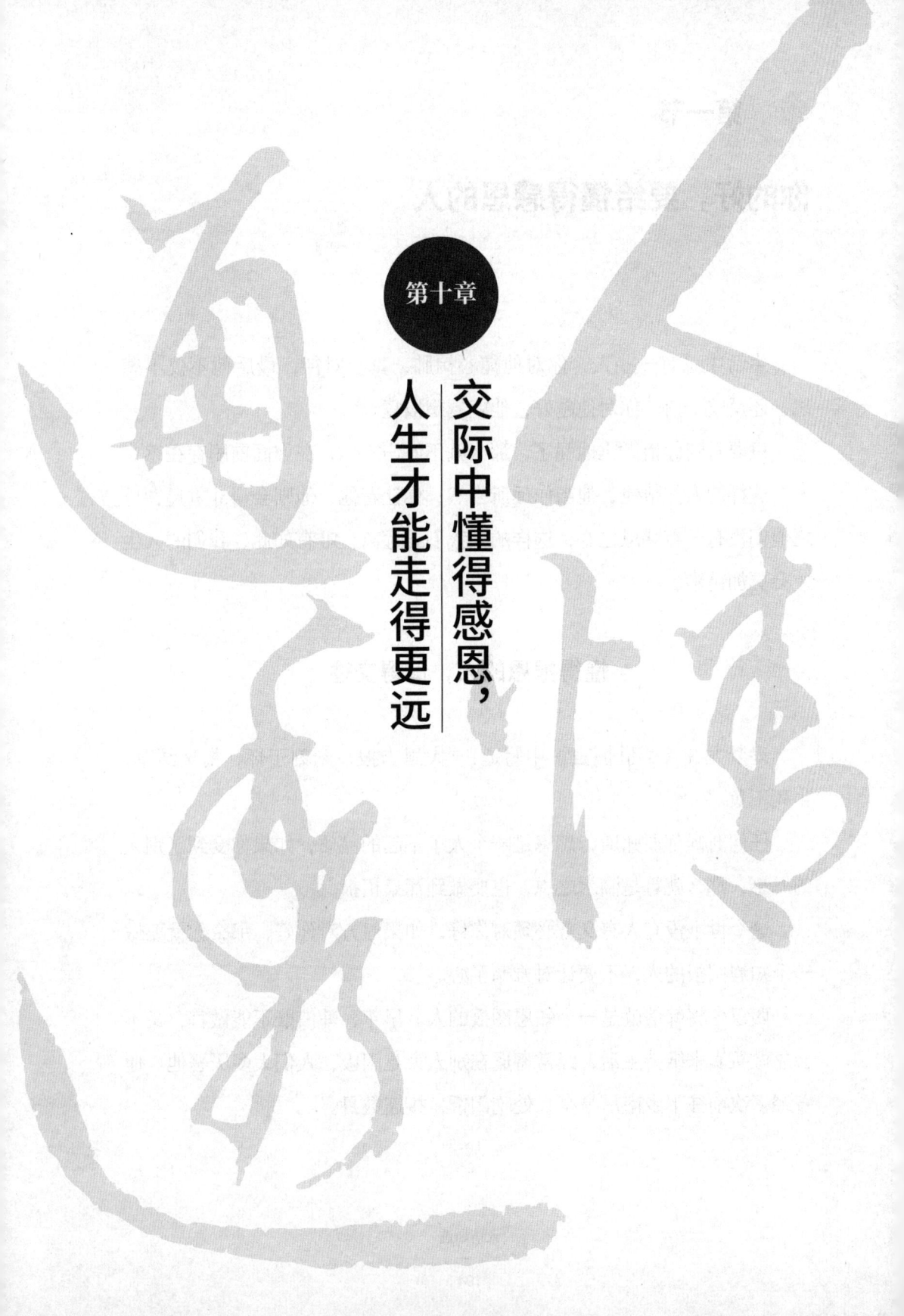

交际中懂得感恩，人生才能走得更远

第一节

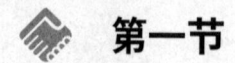

你的好，要给懂得感恩的人

生活中总有一些人，你对他掏心掏肺，真心对待，最后他不仅不感恩，还反咬一口。你对他越好，他就越想报复。

只要看到你稍微比他强了，那么就不停伤害你，在你面前刷存在感。

这样的人你帮他，他当作理所当然；你让着他，他则会得寸进尺，总之他们没有一点感恩之心，这样的人我们要远离，唯有如此，我们的人生才会更加精彩。

懂得报恩的人，值得交往

冯梦龙在《醒世恒言》中写道："大恩未报，刻刻于怀，衔环结草，生死不负。"

任何时候都要知道，感恩是一个人了不起的品质，如果你受到了别人的恩惠，那么就算是滴水之恩，也要做到涌泉相报。

这个世上没有人有义务必须对你好，如果对方对你好，那么你就要做一个知恩图报的人，不要让对方寒了心。

西汉名将韩信就是一个知恩图报的人。早年，韩信既不能做官，又不会靠做买卖来维持生活，经常寄居在别人家吃闲饭，人们大多厌恶他。他曾经多次前往下乡南昌亭亭长处吃闲饭，接连数月。

亭长的妻子厌恶他，就提前做好早饭，一家人先吃。等到了饭点韩信去的时候，也就没有吃的。韩信明白他们的用意，很生气，最终离去。

韩信在城下钓鱼为生，有好几位老大娘在漂洗衣物。其中一位大娘看见韩信饿了，就拿自己带的饭给韩信吃，连续几十天都如此。韩信很高兴，对那位大娘说："将来我一定重重地报答您老人家。"

后来韩信成为著名将领，赠送千金给这位老大娘来作为报答。

一个人只有懂得感恩，别人才更加愿意与你相处，才能走好未来的路。

你的好，要给值得的人

人与人相处，可能暂时看不透对方，但随着时间的推移，就能彻底了解了。他是什么样的人也基本清楚了，如果他懂得感恩，特别重感情，那么这样的人是可以相处的。

如果他只是索取，从来没想过在这段关系里付出，那么就不要勉强了，之所以现在不分开是因为你对他还有利用价值，若是没有了价值，那么他跑得比谁都快。

当然，如果遇到了对我们好的人，我们也要用同样的方式回馈，免得让他们寒了心，一旦寒心，就算后悔也来不及了。

我们的好要给对的人，同样的道理，别人的好，我们也要受得起。

不是所有的好都会长久，也不是所有的人都有这样的运气，若是你有幸遇到了对自己好的人，最好的办法就是珍惜对待，而不是一直消耗。

日本作家村上春树说过这样一句话："你要记得那些黑暗中默默抱紧你的人，逗你笑的人，陪你彻夜聊天的人，坐车来看望你的人，陪你哭过的人，在医院陪你的人，总是以你为重的人，带着你四处游荡的人，说想念你的人。"

事实上真是这样，这些人都是我们生命中的贵人，没有他们的帮助，说不定我们早就垮了，根本不会有以后的成就。

未来的日子里，我们要对得起别人的恩情，远离不懂感恩的人，对得起别人的每一份好，学会珍惜，用心回馈。

第二节

人情通透的人，都懂得感恩父母

长大后，我们越觉得父母的唠叨无趣，跟我们完全不在一个频道上。我们对父母的期待置若罔闻，把他们的关心当成牵绊，总以为没有他们的约束，我们会活得更自由，更舒服。

父母在，我们可能感觉不到；倘若父母一旦离开，那么就会撕心裂肺地疼。只要父母在，我们永远都是孩子；父母不在，我们只能逼着自己长大。

趁着他们在，好好珍惜吧，因为失去亲人的那种疼痛，是时间不能修复的，是一辈子都无法释怀的，它会伴随我们的一生。

趁着都还在，多回家看看

俗话说，父母在，人生还有来处；父母去，人生只剩归途。

我曾听过一个特别心酸的故事：一个老人来到手机维修店，想看看手机出了什么毛病。师傅检查了半天，告诉老人手机没坏。

老人一听到这话，瞬间就哭了："手机没坏，我的孩子怎么不给我打电话啊？"

其实，不是手机坏了，是我们把父母忘了，因为工作和家庭，我们经常忽略父母，当你酣然入睡的时候，殊不知他们还把手机放在枕头边上，生怕漏接了你的电话。

好不容易盼到电话了，明明心中有一万句话要说，嘴上却一直逞强，不愿意告诉我们心中的思念，面对他们偶尔的打扰，我们甚至厌烦至极，他们就像做错了事的孩子。

可你知道吗？父母嘴上的逞强，是内心无法言说的痛，挂了电话，他们的脸上挂满泪痕，说好的不哭，却再也控制不住了。

趁着父母都还在，多回家看看吧，因为看一眼就会少一眼，等你再想看的时候就没机会了。

你可能觉得父母想要的很多，但事实他们想要的真的不多，他们只盼着我们能平平安安，过好属于自己的生活，盼着我们有时间了，能抽空回家看看他们。

父母是一堵墙，隔开了我们和死神

活在这个世上，很多人觉得太累，他们希望自己是一个独立的个体，没有爸妈，没有亲戚朋友，没有亲人的诉求和期望，想怎么过就怎么过，完全不用考虑父母。

很多人觉得父母给自己的压力太大，因为父母对自己有期望，所以很多事情不仅要做，而且还要做得更好。

他们盼着早日脱离父母，早日实现自由，殊不知父母是隔开他们和死神的一堵墙。只要父母在，无论你年纪多大，都不会没有根；无论生活多难，你都会觉得自己有依靠，自己还是个孩子。

父母在时，你察觉不到生命的宝贵；父母离去，你才知道人生的短暂。当父母都不在人世了，再也没有人为你遮风挡雨了，自己离死神也就越来越近。

随着我们逐渐长大，父母也在逐渐老去，我们就是他们余生里最大的希望和盼头，他们想尽可能地为我们排忧解难，看到我们生活中的各种幸福。

你嫌弃他们唠叨，觉得限制了你的自由，可你知道吗？那是因为他们看到死神了，他们只是想多参与一下我们的人生，快乐着我们的快乐，幸福着我们的幸福。

有了父母的疼爱，我们才不会害怕，就算未来的路充满艰难险阻，我们一样会坚持，小时候父母为我们遮风挡雨，如今，我们自然也要做他们坚强的后盾。

人生短暂，趁着时光美好，多回家陪陪父母，让他们享尽天伦，好吗？

第三节

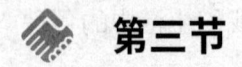

凡事有度,过则为灾

人之初,性本善。这"善",说到底就是好心。

以前遇到有困难的人,我们会好心帮一把;遇到摔倒的人,我们会好心扶一把,不求回报,但求无愧于心。

现在却开始犹豫,因为太过好心,可能最终会成为伤害自己的利刃,因此任何时候我们都要切记,凡事有度,过则为灾。

当你真正懂得这个道理了,未来的路就不会走得太差。

好心,未必有好报

在这个世上,我们可以有好心,但不能恣意挥霍自己的好心,否则会惯坏了坏人,把自己推入痛苦的深渊。

世间的黑暗,我们要想到;人性的自私,我们要明白。一个人好心未必有好报,比如《三国演义》中的李儒。

李儒是董卓的谋士,可以说董卓的成功离不开李儒的出谋划策,在王允利用貂蝉施展离间计时,李儒看出苗头不对,于是劝董卓莫要因为一个女人而让吕布心存芥蒂。

董卓本来答应得好好的,结果被貂蝉梨花带雨一撒娇直接反悔了,还反问李儒为什么不把自己的老婆送给吕布,弄得李儒里外不是人。

李儒虽然好心，但奈何董卓不听，最后也没得到好下场。

如果当初李儒知道董卓是这样的人，那么不仅不会好心建议还会果断离开，因为和这样的人在一起对自己有百害而无一利。

世事无常，不要以为自己的好心，换来的是感恩，很可能是无端的辱骂，你的好心，对方能意识到固然是好事，若是意识不到痛苦的只能是你自己。

对从来不在意自己好心的人，就要果断收起自己的好心，不要让自己的好心变得泛滥而廉价，更不要为了别人而让自己添堵。

太过好心，只会害了自己

人生在世，如果好心过了头，就是懦弱。

你的懦弱只会助长别人的嚣张气焰，他们只会变本加厉地欺负你，在他们的眼里，你就是一块随意揉搓的面团。

你真心实意地付出，换来的不是感激，而是无端的伤害；你掏心掏肺地相待，换来的不是珍惜，而是随意的践踏。

做人，要有自己的底线，不能一味曲意逢迎，对方若真心相待，我们亦真心以待；对方若虚情假意，我们就要潇洒转身。

好心只有给了对的人，才能换回感恩；真心只有给了对的人，才不叫错付。

人与人之间，本来就是相互的，我对你真心，你却对我假意，那就要及时止损，我们只有让自己的好心有个度，才不会被欺侮，失去做人的底线。

时间是一把戳穿虚伪的刀，能让你看清哪些人值得你去深交，又有哪些人只会故意让你摔跤。

　　人世沧桑，我们好心没有错，但要擦亮眼睛，因为恩将仇报的白眼狼仍大有人在，一旦自己的好心错付了，后悔就真的来不及了。

　　往后余生，愿你我的好心不被枉费，在这薄情的世界里找到温情，做一个聪明而又有好报的人。

第四节

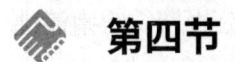

投之以桃，报之以李

墨子在其著作中写道："投我以桃，报之以李。"

这句话很好地诠释了感恩，当我们受人恩惠时应加倍报答，哪怕只是很小很小的恩惠，也要去报答，不要让对方寒了心。

人与人之间是相互的，当别人掏心掏肺对你好时，那么就要珍惜这段恩情，给对方好的回馈，这样彼此的关系才能长久。

世上最贵的，是人心

越长大越发现，世上最贵的就是人心，我们害怕自己的一颗心换来别人的一把刀，同样的道理，别人也怕自己的真心被辜负。

在人际交往中，倘若我们能拿出自己的真心，感恩别人的付出，那么别人自然也愿意与我们相处。

一个人怎么对待别人，别人就会怎么对待你，倘若你总是对别人不好，那么就不要指望别人对你好。

西晋时，有个叫顾荣的官员，性情豪爽，对下属特别体贴。

一次，他应邀赴宴吃烤肉，看到正在烤肉的仆人忍不住地咽口水。他生出恻隐之心，便把自己的那一份烤肉，送给那个烤肉的人。

因士庶有别，其他人见状，都出言讥笑，顾荣却表示天天烤肉的人，应该有权利知道烤肉的滋味。

几年后，永嘉之乱爆发，都城沦陷，晋帝被俘，王公贵族纷纷南渡逃亡。天下大乱之中，打家劫舍、杀人越货的强盗匪贼遍地都是。

但顾荣每次都有人护持左右，助他化险为夷，遇难成祥，问起身份，才知道这个人就是当年的烤肉人。

试想一下，如果当时顾荣没有给仆人烤肉吃，那么当他遇到危险的时候，这个仆人还会舍命保护吗？答案自然不会。

烤肉的仆人是知恩图报的人，因"施炙"之恩便舍命报答。

公道自在人心，每个人都不傻，心中都有一杆秤，都有一个判断的标准，你怎么对待别人决定了别人怎么对待你。

帮助你的人，要报答

有人说："记住那些对你好的人，他们原本可以不那么做的。"

人生就是一个不断闯关的过程，在这个过程中我们自然需要别人的帮助，当困难来临时，若有人愿意拉你一把，帮助你熬过去，那么我们就要回报对方。

本来对方完全不用这么做，既然这么做了，那就不能让对方寒心。对帮助过自己的人，最好的报答是行动。

面对帮助你的人，如果你能真诚地说出你的感谢，力所能及地予以回报，那么对方就更愿意与你相处，因为在他看来你是值得帮助的人。

我们要知道在这个世界上情谊是最无价的，因此当别人对你真心的时候，定要用真心还之，只有这样对方才不会心寒，这份情谊也才能相处一辈子，而不是一阵子。

人生匆匆，任何时候我们都要有一颗感恩的心，唯有如此，遇事才能逢凶化吉，更好地实现自我价值，不是吗？

第五节

对于不懂感恩的人，该翻脸时就翻脸

遇到事你越是无底线地忍让，别人越会肆无忌惮地伤害你，你越是委曲求全对方越不懂得感恩，对于不懂得感恩的人，与其忍让不如翻脸。

虽说人善良是好事，但善良若是没有长出牙齿就是软弱，心软、过分忍让就会惯坏别人，最终会害了自己。

电影《黑名单》中有一句台词："为什么别人敢在你身上做坏事，是因为你让人觉得在你身上做坏事，可以不付出任何代价。"

人际交往中，对于不懂感恩的人，你越是不好意思对方就越得寸进尺，与其被伤害，让自己痛苦，不如守住底线，该翻脸就翻脸。

善良要有尺，忍让要有度

俗话说，人善被人欺，马善被人骑。

一个人若总是无底线地善良，自然会被人当成"软柿子"捏来捏去。

与人交往中，别人若是触碰了我们的原则，就无须忍让了，只有这样，才不会被对方拿捏，才能在这段关系中做好自己。

作家三毛曾在书中讲过自己的故事。

在三毛小的时候，家人就给她灌输做人要善良的思想。在父母的教育影响下，她一直认为善良的人天不欺，人也不欺。

要不是出国留学，三毛还一直觉得自己的思想是对的，所有的人都是值得给予爱心和温暖的，所有的人都是值得忍让的。

在这种思想的影响下，三毛处处与人为善，她在宿舍帮助舍友打水，铺床，打扫卫生，她以为自己的善良会得到别人同样的反馈。

不承想舍友把她的付出当成了理所当然，甚至把她当成了随时可以使唤的保姆，不仅如此，舍友还会随便用她的东西，完全不考虑她的感受。

终于，三毛实在忍不住了，在一次与舍友的争执中，彻底爆发了，她的举动让舍友大为惊讶，舍友没想到她会这样，最后开始以礼相待了。

有人说："如果善良只是一味地付出，那么这种善良，我宁愿不要。"

世态太炎凉，人心狠如狼。对有些人真的不能太善良，因为你的忍让不仅无法换来对方尊重，反而会让对方得寸进尺。

活在这个世上，一个人最愚蠢的行为就是为难自己。如果自己的善良与忍让，换来的却是变本加厉的伤害，还不如干脆直接翻脸。

不必因为别人，而委屈自己

在这个世界上大家都是平等的人，没必要为了别人而委屈自己，舒服的关系就相处，不舒服的关系就断开。

若是在一段关系中，对方总想着占便宜，还不如果断算了，至少这样不会让自己更痛苦。

在与人相处的过程中，总有些人因为太善良而不懂得拒绝，他们宁愿委屈自己也不委屈朋友，殊不知真正的朋友是不会让你委屈的。

作家毕淑敏曾说："拒绝就是一种权利，就像生存一样，我们在力所能及时助人，我们在无能为力时拒绝，这两者并不矛盾，所以，切不可打肿脸充胖子，凡事都得量力而行。"

活在这个世上，我们要学会说不，拒绝那些不懂感恩的人，拒绝那些总想占便宜的人，只有这样才能避免更多的麻烦，过好自己的生活。

往后余生，我们要做一个善良的人，但善良并不代表放纵不懂感恩的人，我们的善良一定要带点锋芒，否则不仅会让善良失去意义，反而会助长不懂感恩的人的嚣张气焰，不是吗？

第六节

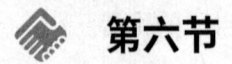

过河拆桥千夫指，滴水之恩大于天

生活在这个世界上，我们要知道，知恩图报的人走到哪里都有人喜欢；忘恩负义的人走到哪里都受人白眼。

有些人喜欢过河拆桥，一旦达成自己的目的，就会露出本来面目，一点也没有感恩之心，这样的人不会有大作为，就算暂时生活得不错，也早晚会出问题。

不懂感恩的人说到底就是人品不好的人，对于这样的人，最好的办法就是远离，否则受到伤害的只能是你自己。

懂得感恩，才能走得更远

这个世界，从来没有无缘无故的疼，也从来没有平白无故的宠。当别人愿意帮助你时，一定要把这份恩情记在心里。

不要把一切当成理所应当，一旦你把一切当成理所应当了，那么对方就会寒心，彼此之间的关系也就结束了。

有句话说得好："不懂感恩的人，比蛇还冷！他的心你永远焐不热。帮了他，他反而咬你一口，最让人寒心。不懂感恩的人，比狼可怕！你为他做再多都徒劳。支持他，他反而把你算计，最让人痛心。"

这样的人没有感情，在人际交往中也只想着算计，他们以为这样会让自己未来的路走得更好，殊不知会走得步履维艰。

别人可能被你骗一次，但不可能次次被你骗，你是什么样的人，别人可能当时看不出来，但随着时间的推移自然就知道了。

一旦让别人知道你是不懂感恩、人品不好的人，那么他们定会和你断绝关系。不懂感恩的人就是人品不好的人，对待人品不好的人最好的办法就是远离。

人品不正，会害了自己

孟子曾说：得道者多助，失道者寡助。

在这个世界上，我们都愿意和人品好的人交往，如果一个人的人品不好，相信没有人愿意深交，一个人可以不够优秀，但一定要懂感恩，人品正。

曾国藩在建立湘军的时候，特别缺人才，当时正好有个叫金安清的人上门投奔。金安清在理财方面颇有建树，但他求见了7次，曾国藩都闭门不见，下属倍感意外。

后来才知道，金安清人品不佳，曾经贪污别人很多财产。

曾国藩对属下说："此等人如鬼神，敬而远之可也。"意思是说，这样的人就像鬼神，不能得罪，只要敬而远之就行了。

金安清不死心，又去找了林则徐，林则徐给了他一个机会，但很快发现这人心术不正，果断辞退了他。

一个人能力不强还能通过后天努力弥补，人品不行，却是无法弥补的。人品是一个人最硬的底牌，一个人只有人品过关，人们才敢与你交往，才敢放心和你合作。

在生命的长河中，我们会遇到许许多多的人，但并不是每个人都值得相交，倘若与人品不正的人在一起，不仅会经常给自己添堵，还会给自己的生活带来威胁。

人品不正的人处处想着怎么算计你,在他的眼里只有利益没有半点感情,倘若你对他掏心掏肺,结果只会害了自己。

往后余生,愿我们每个人都能做一个人品好、懂感恩的人,这样我们才能走好未来的路,不是吗?

第七节

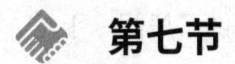

懂得感恩的人，才能走好未来的路

人生在世要学会感恩，只有做到感恩，生活才会越来越光明，人生才会越来越耀眼。一个懂得感恩的人，福气才会常在。

当一个人不懂得感恩，就算人生之路暂时走得顺畅，也早晚会出问题，因为不懂感恩的人，身边的朋友会慢慢离开。

感恩，是一种美德，是一种对生活的热爱，是一种对他人的尊重。感恩，可以让我们的心灵变得更加宽广，让我们的人生变得更加丰富多彩。

怀感恩之心，人生价值更好实现

人生在世，我们都希望自己的人生之路越走越宽，遇到生命中的贵人，更好地实现自己的人生价值。表面来看好像很难，实则很简单，就看自己是不是一个懂得感恩的人，若是懂得感恩的人，那么就会遇到生命中的贵人。

曾看过大画家徐悲鸿的故事，感触非常深。

徐悲鸿20多岁的时候，只身前往上海，当时他想在上海闯出自己的一番天地，虽然他的理想很丰满，但是现实很骨感。

徐悲鸿初到上海时，别说闯出一片天地，连维持生计都很困难。为了维持生计，他去参加教科书插画的比稿，很可惜失败了。

因为没有收入来源，他已经欠了旅馆四天的房钱，眼看马上就要露宿街头了，他便想在黄浦江里结束生命。

得知他的处境，商务印书馆的编辑黄警顽便给他提供了房间。于是，两人开启了同吃同住、彼此陪伴的日子。有了朋友的照料，徐悲鸿重拾信心，他把自己在绝望中的挣扎和对朋友的感恩，用狂放不羁的奔马形象来表达，投给了《真相画报》。这次，他取得了成功，不仅卖出了人生中的第一幅画，还成了报社的特约作者。

成名后，徐悲鸿并没有忘记黄警顽的恩情，而是特地为其画了一幅肖像，并署名"黄扶"。因其价值不菲，这幅画还帮朋友渡过了难关。

正是因为徐悲鸿懂得知恩图报，让他遇到了更多的贵人，在这些贵人的帮助下，他在绘画这条道路上越走越远，甚至留下了不可磨灭的痕迹。

人生在世，我们都有落魄的时候，在落魄时，别人若是能给我们提供帮助，那么这份恩情，我们要铭记一生。

懂得感恩，福气才会源源不断

人生在世，不如意的事情本就十之八九，在你遇到困难时，别人若是给你提供帮助，即使这帮助微不足道，但你也要记在心里。

对方可能只是雨天为我们撑起一把伞，可能只是在我们困难的时候顺手拉了一把，也可能只是简单地为我们说了句好话，虽然这都是很简单的事，但对我们来说却极其重要。正是有了对方的帮助，我们才能在困境中拥有继续前行的勇气，继而把路越走越宽、越走越远。

一个不懂得感恩的人，很难遇到真心的朋友，他们的人生路会越走越窄，他们不仅会失去朋友和亲人的支持，也会失去社会的认可。

等以后他再次遇到困难时，别人会袖手旁观。

在这个世界上，没有人愿意帮助一个不懂感恩的人，因此，我们做人一定要懂得感恩，唯有如此，我们人生的路才会越走越顺畅，不是吗？

第十一章

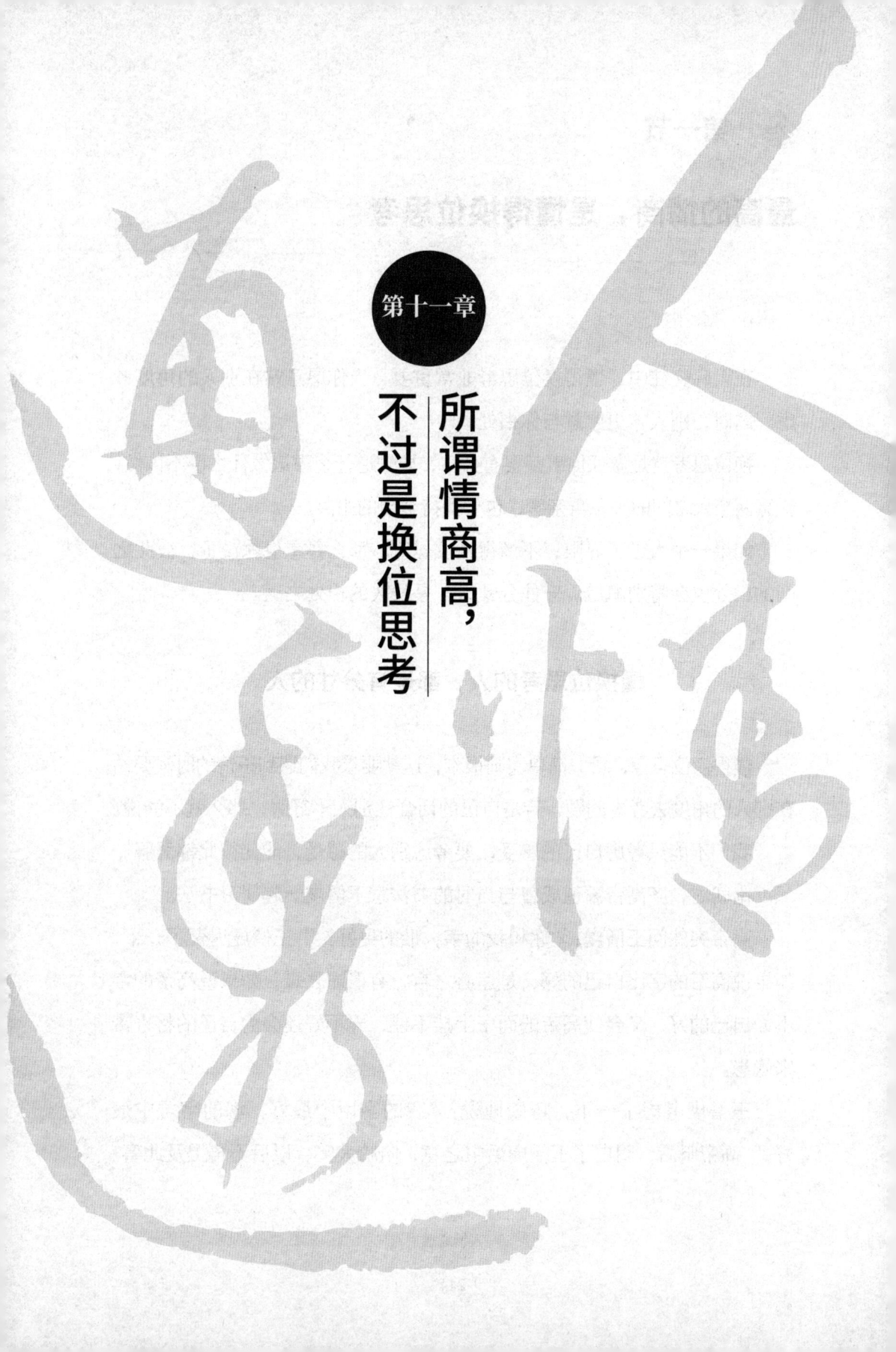

所谓情商高，不过是换位思考

第一节

最高的情商，是懂得换位思考

在人际交往中，懂得换位思考非常重要，当你愿意站在别人的角度考虑问题时，别人才更愿意与你相处。

换位思考就是做任何事都要有分寸，要知道什么事该做什么事不该做，就算两个人之间的关系再亲密，也要保持适当的距离。

如果一个人过了界限，不懂得换位思考，那么尊重也就没了，彼此之间的相处也会特别尴尬。守住分寸，才是长久的相处之道。

懂换位思考的人，都是有分寸的人

懂得换位思考，看似简单实则很难，这就要求我们遇到事情的时候要站在别人的角度去考虑问题，若是自己的话会让别人不舒服，那么就不能说。

我们不能只考虑自己的感受，要考虑别人的感受，能让彼此都舒服。

南朝时，齐高帝萧道成曾与当时的书法家王僧虔一起研习书法。

高帝突然问王僧虔："你和我的字，谁的更好？"王僧虔迟疑了一下，如果说高帝的字比自己的好，是违心之言，有谄媚之嫌，如果说高帝的字不如自己的好，又会使高帝的面子上挂不住，弄不好还会为自己的将来带来隐患。

王僧虔考虑了一下，巧妙地说："我的字臣中最好，您的字君中最好。"高帝听后，明白了王僧虔话中之意，哈哈大笑，以后不再提及此事。

王僧虔的得体回答，既让他免除了直接回答的尴尬，又不违反自己的原则，使大家能够心领神会，没有因"一言不慎"而伤和气，可谓巧妙至极。

王僧虔是一个懂得换位思考的人，他懂得站在别人的角度考虑问题，因为懂得，所以分寸拿捏得非常恰当。

亦舒曾在书里写道："涵养与修养并非虚伪，故意使人难堪也并非直率，这里边有很大分别。"

懂得换位思考的人会理解别人的处境和难处，绝对不会强人所难。他们懂得己所不欲，勿施于人的道理，他们也一定是一个有修养的人。

懂得换位思考，你就赢了

葛洪曾说："劳谦虚己，则附之者众；骄慢倨傲，则去之者多。"

在人际交往中，我们要想让一段关系更好，只有站在对方的角度，考虑对方的感受，唯有如此，才能更好地和对方相处。

懂得换位思考的人，做事能分清轻重，在任何场合都能顾及别人的感受，他们知道什么该做，什么不该做，他们会站在别人的角度上去说话，做到相处不累。

换位思考是高情商的表现，凡事多为他人考虑，站在对方的立场、对方的角度去看待问题，你可能会更理解包容对方。

如果你没有经历过对方的苦，就永远不会感到那种痛苦。只有你懂得了对方，彼此相处才会愉快，才没有任何负担和压力。

每个人都想做一个慈悲的人，殊不知这个世界上最大的慈悲就是凡事都能站在别人的角度考虑问题。

人生很短，希望在人际交往中我们都能做一个懂得换位思考的人，这样我们才会有更加精彩的人生，不是吗？

第二节

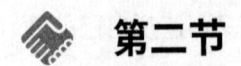

己所不欲，勿施于人

人与人相处，一定要做到宽容，懂得己所不欲，勿施于人的道理，这是我们处理人际关系的重要原则。

倘若自己不想的，硬推给他人，不仅会破坏与他人的关系，也会将事情弄得更加糟糕，让彼此之间的关系变得更差。

待人接物，我们除了关注自身的存在以外，还要关注他人的存在，人与人之间是平等的，自己不想要的就不能强加给别人。

针锋相对，解决不了问题

当别人做出伤害我们的事时，大多数人会选择报复，以为这样就不会让自己吃亏，殊不知并非如此。

在人际交往中，两个人与其针锋相对，还不如选择宽容，这样才能让彼此的关系更融洽。

古代，梁国与楚国毗邻，两个国家的边境驻军都种瓜。梁国士兵十分勤快，经常去浇灌瓜地，他们的瓜长得很好；楚国士兵比较懒，很少去照顾瓜地，他们的瓜长得较差。

楚国县令来到边境考察时特别生气，责怪手下没有把瓜种好。楚国士兵认为，是梁国士兵将瓜种得太好，致使他们受到批评，于是，楚国士兵心生嫉妒，悄悄地将梁国的瓜地弄得乱七八糟。

发现问题后，梁国士兵赶紧向县尉汇报情况，想去报复楚国士兵，但被县尉阻止了。县尉表示若是使用针锋相对的方法，不仅不能彻底解决问题，反而会让问题更加复杂。

后来，县尉决定派梁国士兵帮助楚国士兵认真浇灌瓜地，他觉得只要楚国的瓜好起来，楚国战士就不会受到批评，他们便不会再过来捣毁自己的瓜了。

就这样，在梁国士兵的精心照料下，楚国的瓜快速好起来。当得知是梁国士兵所为之后，县令赶快把事情向楚王汇报。

楚王知道后带着礼物去了梁国，真诚地向梁国县令道歉，并主动和梁王联系，希望与梁国建交，两个国家很快建立了友好关系。

梁国县令懂得己所不欲，勿施于人的道理，自己不想要的也不会给别人，因此当楚国士兵破坏他们的瓜之后，他并没有以其人之道还治其人之身，而是选择了宽容。

在这个世界上，针锋相对解决不了任何问题，与其针锋相对让彼此的关系更尴尬，还不如选择宽容，让彼此的关系更加和谐长久。

懂得为别人考虑，才会有好人缘

季羡林老先生曾说："能够百分之六十为他人着想，百分之四十为自己着想，他就是一个及格的好人。"

人生从不是一片坦途，我们会收获鲜花和掌声，也会经历挫折和苦难，收获什么就看你怎么对待别人。

倘若你对别人没有宽容，不愿意为别人考虑，那么收获的可能就是挫折与苦难。但如果我们能站在对方的角度来考虑问题看待事物，多为别人着想，那么我们的人生之路才会更好走。

任何时候都要知道,懂得为别人考虑的人,运气一定不会太差,因为当你经常为别人考虑时,别人也会为你考虑。

在处理人际关系中,如果你想有好的人缘,那么就要懂得在和别人来往的时候能做到推己及人、多为别人着想。

为人处世,我们要知道处理良好关系的法宝不是心机,而是己所不欲,勿施于人的善良。

第三节

将心比心，方得人心

人与人之间没有理所当然的好，也没有天经地义的情。唯有恩重于山，才会深情相许；唯有真心以待，才会倾其所有。

这世上没有人有义务对你好，如果别人对你好了，那么要好好珍惜，在合适的时机懂得回馈对方，千万别把这份好当成理所当然。

一个人只有懂得将心比心，才能更好地得到人心。

做人，要懂得将心比心

很多时候我们喜欢站在自己的角度看问题，当别人做出了不利于自己的事情，我们就会觉得对方是故意的，但很可能对方有不得已的苦衷。

任何时候，我们做事情都要懂得将心比心，学会理解别人的难处，理解别人的不幸，体谅别人的不易。

清朝红顶商人胡雪岩，有一句名言："前半夜想想别人，后半夜想想自己。"

前半夜想想别人，站在别人的角度想，是要体谅别人的难处；后半夜想想自己，检讨反省自己的不足之处。

当一个人能做到将心比心了，那么在人际交往中他就能怀着一颗包容宽恕之心，任何事情都不会太计较。

如果一个人不懂得将心比心，遇到事情总是站在自己的角度考虑问题，那么时间长了，身边的人都会选择远离，他也很难实现自己的人生价值。

亦舒曾说过："一个人真正成熟的标志，就是发觉可以责怪的人越来越少。"

很多人觉得人与人相处很难，实则非常简单，人与人相处最好的办法就是做到将心比心，尽己之心，推己及人。

人心不是一次变冷的，感情肯定不是一下子变淡的，如果有人对你好，那么千万不要一次次地伤害对方，否则他们终究会离开，到那时，后悔也晚了。

不要觉得对方永远都会原谅你，都不会被你伤害，实则对方是不断给你机会，之所以还愿意和你相处，并不是自己没的选，而是还从心底里把你当朋友。

这样的人我们要珍惜，千万不要等对方走远了，才想要抓住；等到要失去了，才记起没有好好珍惜。

人走茶凉是常态，别太纠结

当别人不再帮我们，很多人就会选择怨天尤人，觉得这个世界太薄情，其实不是世界太薄情，是我们太贪婪了。

人走茶凉本来就是人生的常态，有交集的时候，好好珍惜；没有交集的时候，笑着祝福。没必要非得知道分手的原因，因为很多事情根本没有原因。

接纳世事无常是一种成长，懂得人走茶凉是一种智慧。

任何时候，都不要抱怨别人的离开，也不要觉得对方太势利，因为现实就是这样的。人走茶凉，是人生的一种必然，懂了，心就不会那么痛了，也不会那么累了。

如果你能不乱于心，不困于情，不畏将来，不念过去，懂得珍惜，那么自然能不负这人生一场；唯有不让对方寒心，才能更好地拥抱幸福。

往后余生，愿你能看透人生，别弄丢了真心实意对你好的人，懂得用真心换真心的道理。倘若你真这么做了，那么一定会感受到生活的美好，不是吗？

第十一章 ◎ 所谓情商高，不过是换位思考

第四节

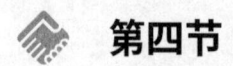

横看成岭侧成峰

在这个世界上,我们每个人所处的位置不同,看到的风景自然也不同,因此我们不能用自己的标准来要求别人,否则只会让彼此的关系变得糟糕。

人生在世,我们会扮演各种角色,因为扮演的角色不同,想的事情自然也不同,作为儿子可能会想怎么孝顺父母,作为父亲则想怎么管好孩子。

不仅如此,每个人的经历和遇到的事情也完全不一样,既然是这样,我们就要做到相互理解,只有理解,相处起来才会更和谐。

立场不同,自然很难感同身受

在人际交往中,我们都想要感同身受,可这个世界上哪有什么感同身受,既然我们没有站在别人的立场上,那么自然很难理解别人的行为。

一头猪、一只绵羊和一头奶牛,被牧人关在同一个畜栏里。有一天,牧人将猪从畜栏里捉了出去,只听猪大声嚎叫,强烈地反抗。

绵羊和奶牛讨厌它的嚎叫,觉得猪有点太小题大做了,它们自己也经常被牧羊人捉去,但并没有这个样子。

猪听了后非常生气,表示自己被捉去,和它们被捉去完全是两回事,牧羊人捉它们只是为了他们的毛和乳汁,但是捉自己则是要命。

人生在世,每个人有每个人的生活,每个人也有每个人的难处,我们觉得很简单的事情,对别人来说可能非常难,同样的道理,别人觉得轻而易举的事情对我们来说可能却不容易。

一个人所处的立场不同,环境不同,是很难做到感同身受的。

遇到事情当别人反应很夸张的时候,你没必要笑话对方,因为这件事情对他来说可能是难以承受的,虽然我们无法理解,但完全可以做到尊重。

《了不起的盖茨比》里有一句话说得很好:"每逢你想要对别人评头品足的时候,要记住,世上并非所有的人,都有你那样的优越条件。"

因此,对于他人遇到的事情,我们要试着去理解,要用一颗宽容的心去了解和关心,这样人际关系才不会出大问题。

相处容易,理解太难

《庄子》中曾说:子非鱼,焉知鱼之乐?

这个世界上没有完全相同的两片树叶,也没有完全相同的两个人,既然你不是我,那么自然就无法理解我的快乐与悲伤。

生活的酸甜苦辣,只有我们自己最清楚,永远不要奢望别人去理解你,因为这完全是不可能的,你的苦别人感受不到,你的快乐别人同样也感受不到。

人海茫茫,每个人有每个人的苦,当我们不能帮别人承受苦难时,最好的办法就是做到理解。

我曾看过这样一句话,深以为然:"处境不同,很难理解他人想法;位置有异,难以明白他人做法,没有别人的经历,自然就体会不到别人的苦,就别轻易下定义,更别要求他人大度。"

人生真的是"横看成岭侧成峰",既然位置不同,那么就不要用一个标准来衡量了,否则只会让彼此的关系变差,痛苦的只是自己,不是吗?

第五节

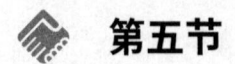

人际交往中，看透悟清不说破

这世界上真正聪明的人，是懂得看透、悟得透、不说破的人，这种人说到底就是高情商的人，就像有句话说的那样："高情商，并不是八面玲珑的圆滑，而是德行具足后的虚心、包容、自信和格局。"

在人际关系中，他们虽然看破了，但不会点破，懂得给别人一个台阶下，会更好地维护一段关系。如果一个人在说话的时候懂得看破不说破的道理，那么对方则会更加愿意和你相处。

看破不说破，是一种换位思考

古往今来，真正的智者都能做到看破不说破，因为他们知道只有不去点破，才能让一段关系更加长久，若是点破了就完全不一样了。

《孔子家语》中有这样一个小故事，我读后很有感触。

孔子有天外出，天要下雨，可是他没有雨伞，这时正好路过子夏的门口，有学生建议说："子夏有伞，跟子夏借。"

孔子一听，马上就说："不可以，子夏这个人比较吝啬，我借的话，他不给我，别人会觉得他不尊重师长；给我，他肯定要心疼。"

故事很短，但道理却很深。

这个小故事其实就包含了看破不说破的道理。孔子知道子夏很吝啬，但如果用师长的身份要求他，子夏自然会借给他，可心里会特别不舒服，与其这样还不如不借，这说到底是一种利他的换位思考。

与人交往，我们一般都能看清别人的短处和长处，虽然看破了，但是别说出来了，这样别人不会难堪，自己也不会尴尬，何乐而不为呢？

《小窗幽记》中说："使人有面前之誉，不若使人无背后之毁；使人有乍交之欢，不若使人无久处之厌。"换位思考不仅能给人带来"乍交之欢"，还能让彼此"久处不厌"。

生活中，懂得看破不说破的人不会揪住别人的短处不放，会尊重别人的隐私，知道给别人留三分余地就等于为自己留后路。

也许你以前看破就会说破，那么从现在开始就不要这样，唯有如此，才能让彼此的关系长久又和谐。

看破不说破，是一种尊重

一般来说，懂得看破不说破的人，内心都是柔软的，他们懂得悲悯，懂得体谅，他们的人际关系也一定会处理得特别好。

为人处世，我们在与别人相处的过程中千万要懂得给对方留颜面，不要自己想怎么样就怎么样，倘若你做不到考虑别人的颜面，那么别人很可能会离你而去。

在人际交往中，懂得给对方一个体面的台阶并不难，关键是你要不要去做，当你懂得多站在对方的角度考虑问题，多考虑对方的面子，那么对方怎么可能不愿意靠近你呢？

在这个世界上，我们会遇到很多人、很多事，我们不需要事事揭穿，有些事情知道就好，与其说破让别人脸上挂不住，还不如不说破，让彼此更舒服。

往后余生，愿我们每个人都做一个看破不说破的人，这样我们才会有一个更好的人生，不是吗？

第六节

不要把自己的脚，伸进别人的鞋里

人活一世，我们每个人都有自己的追求和理想，与其强求别人，不如做好自己。强求别人，让别人按照自己的标准来，只会让彼此的关系变差。

人与人相处讲究舒服，若在一起彼此都很舒服，那么就好好相处；若在一起感受不到舒服，那么好聚好散则是最大的明智。

在人生这条路上，鞋子要合脚，人要合拍，鞋子合脚了，能帮助我们走得更远；人合拍了，能让我们更好地实现自己的价值。

在人际关系中，无论两个人关系如何，我们都不能把自己的脚伸进别人的鞋里。

关系再好，也要保持距离

《庄子·山木》中有云："贤者之交谊，平淡如水，不尚虚华。"

在这个世界上，我们会遇到很好的朋友，那么是不是只要朋友关系足够好，就不用给彼此留有空间了呢？

实际上并非如此，关系好是一回事，留有空间则是另外一回事，若是相处起来没有距离，那么只会让彼此疲惫不堪，感受不到快乐的存在。

魏晋时期，嵇康和山涛，两人关系本来十分要好，经常在一起吟诗作赋。当时很多人都觉得他们的友情会持续一辈子。

可不承想最后两人的友情出了问题，原因是山涛追随司马氏，想要当朝为官，而嵇康只想隐居山林。

当时山涛一心想劝嵇康当官，甚至不经过嵇康的同意，直接把他推荐给了皇帝。嵇康知道后，十分恼火，便写下《与山巨源绝交书》，从此与山涛绝交。

在这个故事中，我们不能说山涛错了，也不能说嵇康错了，两个人的选择不同，自然就无法在一起了。

与人相处，我们只需做好自己就行了，千万不要把自己的脚伸进别人的鞋子里，因为这样对彼此的关系有百害而无一利。

知人不评人，是最大的聪明

古语有言："知人者智，自知者明。"

一个真正聪明的人会做到知人不评人，他会尊重别人，就算对方是自己最好的朋友，也不会强行替对方做决定。

就算对方做的事情自己看不惯，也会选择尊重，因为他知道别人这么做有自己的道理。

真正厉害的人不仅能了解和认识别人，而且还能了解认识自己，就像有句话说的那样："能了解和认识别人的，是明智的人；能了解和认识自己的人，可谓是高明的人。"

如果你想和别人的关系不受影响，那么当你在指责他人前，一定要先好好检视一下自己，了解、认识自己的不足，这样别人才更愿意与你相处。

倘若你总是指责别人，用自己的标准来要求对方，就算对方暂时还和你相处，早晚也会选择离开你。到那个时候就算你后悔也来不及了，因为这一切都是你自己造成的,与别人没有任何关系。

我们这一生确实挺不容易的,既然如此,那就好好调整自己吧,遇到了对的人就要好好珍惜,倘若没有遇到,也没必要刻意勉强。

我们只需要做好自己,剩下的就看天意如何了。

第十二章

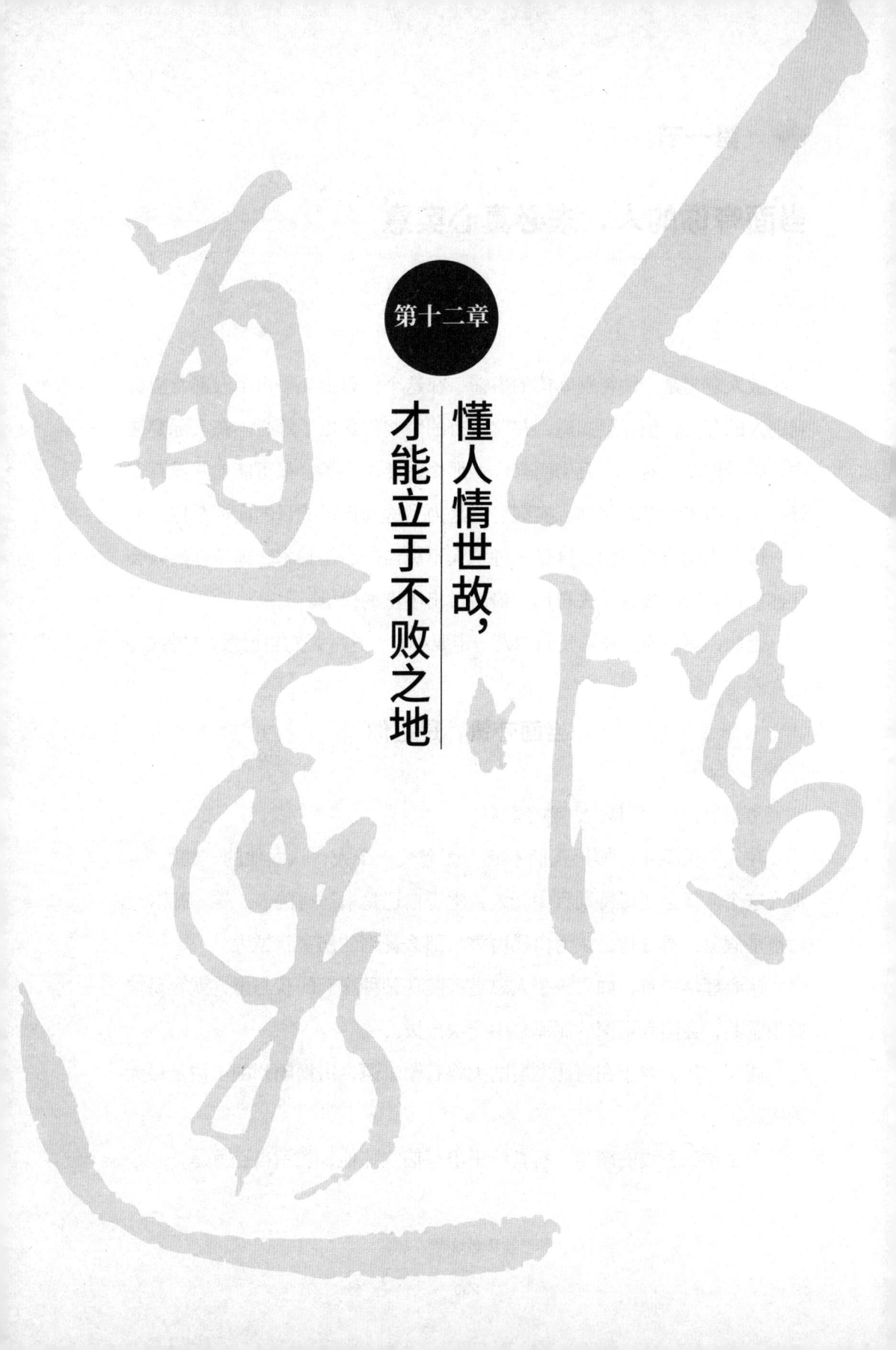

懂人情世故,才能立于不败之地

第一节

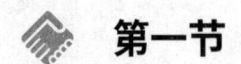

当面夸你的人，未必真心实意

被人夸奖是一件特别幸福的事情，在这个世界上几乎每个人都希望得到别人的夸奖，但你要知道，并非所有的夸奖都是出于好心。在人际交往中，倘若你发现对方一直当面夸你，那么就要小心了，很可能他并没有安好心，表面来看是夸奖你，实则可能是为了达到自己的目的而捧杀你。

捧杀真的非常可怕，这是一种杀人不见血的高超骗术，捧杀你的人会让你在被夸赞中慢慢迷失自己，最后付出惨重的代价。

因此，面对当面夸赞我们的人一定要小心，这才是对自己最好的保护。

当面夸赞，是害你

常言道："天欲其亡，必令其狂。"

在人际关系中，如果我们不断当面夸奖一个人，认同他的一切行为，那么这个人就会变得特别目中无人，觉得自己是最厉害的人。殊不知这一切都是假象，对方越是认为自己厉害，那么受到的伤害就越大。

从心理学来看，如果一个人总是沉浸在某种虚假的状态里，就容易被假象蒙蔽，会陷入更深的泥淖之中无法自拔。

西晋末年，对于在河北发展的大将石勒来说，占据幽州的王浚是最大的威胁。

为了得到王浚的幽州，石勒给王浚写信吹捧他，表示自己就是一"小胡"（石勒是胡人），贸然起兵不过是为了给王浚扫清称帝障碍，直言王浚称帝是众望所归的事。听到石勒这么说之后，王浚失去了判断力，被石勒捧得神魂颠倒，这个时候石勒趁势请求去幽州参加登基大典。

当时的王浚心花怒放，完全意识不到危险来临了，他下令沿途各地不许阻拦石勒。就这样，石勒率领大军轻松地抵达幽州城下，一番进攻后，王浚被活捉，称帝大梦破碎。直到此时，他才发现被石勒蒙蔽。

如果当时王浚没有被石勒的夸赞迷惑，能做出理性的判断，那么断然不会失去幽州，更不会被活捉。

人生漫长，我们一定要明白，倘若有人无事献殷勤，那么肯定没安好心思，对于这样的人我们果断选择远离，才是最大的明智。

懂得识人，生活才能过好

在这个世界上，我们想要生活过得好，就得懂得识人，因为坏人无处不在，并且他们不会将自己是坏人写在脸上。

遇到当面夸赞自己的人，就要理性一点，即便对方是发自真心地夸赞自己，也要多加注意一下，只有这样才不会让自己受到更大的伤害。

真正为了你好的人是不会当面一直夸赞你的，因为我们不是完人，是人就自然会有错误，他会指出你的错误，不会盲目地支持你。

人生在世，要想走好未来的路，就要多一点心眼，对于别人当面的夸赞听听就行了，没必要放在心里。

当面夸赞你的人永远不是你的贵人，极有可能是伤害你的人，他从来没想过真心实意地帮助你，而是在编织一张巨大的网专门等着你钻进来。

未来的日子里，愿我们能理性对待别人当面的夸赞，这样我们才会拥有一个更加精彩的人生，不是吗？

第二节

背后夸你的人，一定要深交

人生在世，相信没有多少人愿意听刺耳的话，大多数人都想被赞美，但是赞美的话虽然能讨人欢心，却也可能虚伪至极。

一般来说，越是虚伪的客气话，越容易让人失去判断，受伤受骗。

相比较当面夸你的人，背后夸你的人才是真心的，他们从心底认可你，希望你生活过得越来越好。

对于这样的人，我们一定要深交，他们值得我们用一辈子来珍惜。

背后说你好话的人，值得深交

朋友之间，诚实和坦率是建立深厚友情的基石。在相处的过程中，他们不会没有原则，不会什么话好听就说什么，相反，他们还有可能会和你争吵。

虽然当时可能会让你特别不高兴，但他们没有一点坏心眼，确确实实是为了你好，这样的朋友才是我们生命中的贵人。

背后夸你的人，就是最真的朋友，他们从来不会把感情建立在利益上，也不会嫉妒你的成就，而是发自内心地祝福你。

娄师德和狄仁杰都是武则天执政时期的名臣，但他们两人关系不好，经常发生争论。

狄仁杰当上宰相后，曾经因为一些鸡毛蒜皮的小事排挤了娄师德很长时间。

有一天，武则天问狄仁杰："狄公，你知道我为什么会重用你吗？"狄仁杰答道："我靠文章和道德取得官位，不是那种碌碌无为、依赖他人的平庸之辈。"

武则天听完他的回答后，沉思了一会儿，才告诉狄仁杰，自己开始并不了解他，更不知道他的才华，最后重用他，全靠娄师德推荐。然后武则天拿来了一个装奏折的盒子，找出几十篇娄师德保荐狄仁杰的奏折，拿给狄仁杰看。

狄仁杰一看惭愧不已，意识到了自己心胸狭窄，远不及娄师德。从此后，狄仁杰再也不排挤娄师德了。

娄师德虽然和狄仁杰当面争吵，但从心里却把他当朋友，真心地希望他越来越好，因此才会在武则天面前数次推荐他。

在这个世界上，真正的朋友是当面和你争吵，背后则夸赞你；而假的朋友则恰恰相反，他们只会考虑自己。

真正的友情，从不建在利益上

倘若朋友和你相处总是考虑自己的利益，那么你就不要拿出自己的真心了，这样的人背后也不会夸你，他从来都没有把你当朋友。

这样的人靠近你就是为了利用你，想从你身上获得价值，和他们交往一定要擦亮自己的眼睛，否则吃亏的是自己。

人与人相处贵在真心换真心，既然他们是虚假的，那么我们何必把他们请进自己的生命里，这不是在给自己添堵吗？

背后夸赞我们的人，是真心对我们的人，对于这样的人，我们要用一生来珍惜，这样才不会让对方寒了心。

人生很短，我们要和志同道合的人相处，若对方从来没有真诚地夸过自己，那么就不要对这段感情寄予厚望了。

如若不然，我们的真心可能就会错付，就会受到巨大的伤害，就会让自己活得更痛苦，不是吗？

第三节

熟人相处莫露富，生人相处莫露穷

在这个世界上，人性最大的恶就是恨你有，笑你无，嫌你穷，怕你富。作为熟人，他们虽然希望你过得好，但并不希望你过得比他们好。

因此，在熟人面前千万不要露富，否则就会引起他们的嫉妒，让彼此的关系变得尴尬，给自己带来意想不到的伤害。

人在江湖走，自然会认识一些新朋友，如果你在新朋友面前一直表现得很吝啬，那么时间久了，朋友就不愿意和你相处了，因为从你身上得不到他想要的东西。

因此，在新朋友面前别一直说自己穷，否则对自己有百害而无一利。

面对熟人财不外露，是最大的明智

我们向来讲究财不外露，手里有多少钱也不会说给别人听，否则很容易遭到别人的惦记，给自己埋下祸根，招致不幸。

一个人的财富很容易被熟人嫉妒，尤其是他比你过得不好的时候，你说的时候没想那么多，可他的心里可能早就盘算好了。

我曾看过这样一个真实的故事，感触很深。

有一个养鱼人，他承包了村里的好几口鱼塘用来养鱼，虽然他特别努力地干，但村里的人都不太相信他能赚到钱。

有一次，这个养鱼人的鱼被一个大商家全包走了，他赚到了第一笔大钱，当时他并没有觉得把这个消息告诉熟悉的人有什么不妥，反而还以为对方会为自己高兴。

正是因为如此，他便在和邻居喝酒时，扬扬自得地将这件事说了出来。

但不久之后，他家里鱼塘的鱼竟然莫名其妙地死了大半。

看到这些死去的鱼，他终于明白了，自此以后，他学会了闭嘴。后来他生意做大后去了大城市，在城里也赚了不少钱，还买了大房子，他再也没有将自己赚得盆满钵满的消息告诉任何人。

如果当时养鱼人没有把自己赚到钱的消息告诉熟人，就不会遭到熟人的嫉妒了，鱼塘里的鱼也就不会死了。

很少有熟人希望你过得比他好，如果你不想让彼此的关系破裂，不想让自己受到伤害，那么在熟人面前就不要露富。

生人面前露穷，只会更穷

一路走来，我们会遇到很多新的朋友，有些新朋友会更好地助力我们，让我们更好地实现自己的人生价值。

在这些新朋友面前，我们就不能太装穷，倘若你一直唯唯诺诺，他们就会以为你是没有能力的人，即便有很好的项目也不敢和你合作。

别人和你合作看的是你的实力，你若是没有实力说再多也没用，有实力就把自己的实力亮出来。

即便这个时候你发现对方不是靠谱的人，也可以果断拒绝，这并不会给自己带来多么大的影响。

在生人面前，适度的自负是一个人的门面，即使不成功也要装成功，这样别人才会以为你很有实力，从而愿意与你合作。

有了他们的助力，你未来的路才会越来越好走。

为人处世，要想活得更好就要有心机，做到熟人面前不露富，生人面前不露穷，这样你才会有一个更好的未来。

第四节

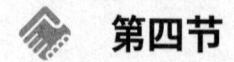

救急不救穷，帮困不帮懒

人生在世，福祸相连，每个人都会遇到难处，别人遇到难处倘若你有能力帮一把未尝不可，这样别人就能渡过难关。

当然帮别人并不是任何时候都要帮，而是视情况而定，倘若对方遇到急事了，在能力范围之内是可以帮的，但如果对方一直寻求帮助，那么就不要帮了。

人际交往中，我们可以救急但不能救穷，可以帮困但不能帮懒。

如果你执意帮助一个没有上进心的穷懒汉，那么就相当于去填补一个无底洞，只会给自己带来更大的痛苦。

救急可以，莫救穷

相传，红顶商人胡雪岩曾在助人时说："谁都有雨天没伞的时候，能帮人遮点雨就遮点吧！"

人生在世，不如意的事情十之八九，每个人或多或少都会遇到一些不如意的事，遇到了自然想寻求别人的帮助。

倘若对方是突然遇到难事了，那么如果我们有能力帮，最好帮一把，但如果对方一直是这个样子，就算有能力也不要帮。

古时，有一对贫苦的夫妇，丈夫名叫李旺，妻子叫王秀。他们生活艰辛，依靠耕作为生。

虽然李旺夫妇一年到头都勤劳耕作，但收成依然不好，生活常常入不敷出。为了维持生计，他们不得不向邻居借债。然而，债务压身，他们无法偿还，生活愈发困苦。

有一天，当地一位庄主听到李旺夫妇的遭遇，决定给予救济。

他来到李旺家中，递给他们一些金银财物，以解燃眉之急。李旺夫妇感激不尽，表示一定会努力偿还这笔债务。然而，庄主并没有就此打住。他时常前来探望李旺夫妇，教导他们如何勤劳致富。

在庄主的帮助下，李旺夫妇学会了如何选种、耕作，以及如何提高收成。他们的生活逐渐好转，最终脱离了贫困。

很显然庄主就是救急的，因为李旺夫妇一直很勤劳，只是没有本钱，没有找到致富的方法而已，这样的人是可以救助的。

但如果李旺夫妇是因为懒惰导致家庭贫困，那么庄主断然不会去帮助，因为这根本没有意义。

帮困，莫帮懒

在现实生活中，如果一个人特别懒，那么他是得不到别人的帮助的，别人知道帮助他纯粹就是在做无用功。

因为他的贫困不是环境造成的，而是他自己造成的。倘若他能勤劳一点，那么自然会改变贫困的局面。

任何时候都要远离不思进取的懒人或者穷人，这样的人不值得帮，也完全扶不起来，就是烂泥扶不上墙。

他们的贫困与他们的思想有很大关系，当你好心帮助他时，他不但不会感恩，还会认为是天经地义，因为你过得比他好，就有义务该资助他。

对于这样的人，最好的办法就是远离，否则他会像吸血鬼一样吸干你。

　　人生很短，我们的生命有限，因此在有限的生命里要与值得的人相处，若在相处中发现对方是只想索取、不愿付出的人，那就不要来往了，这样我们才会有更好的人生。

第五节

君子之交淡如水，小人之交甘若醴

《庄子·山木》中有云："君子之交淡如水，小人之交甘若醴。"

人生在世，我们会遇到君子也会遇到小人，对于君子要用心与之相交，对于小人则尽量远离，只有这样才不会让自己受到伤害。

在这个世界上，锦上添花容易，雪中送炭则难，能在你落魄的时候帮助你的人就是真君子，这样的人值得你用心交往。

君子之交，从来不考虑利益，而是真心实意地对你好；小人之交，则注重利益，有利则和你走得很近，无利则恩断义绝。

君子之交，一生之交

在人际交往中，倘若发现对方是光明磊落的君子，那么就要用心与之相交，在你落魄时给你帮助的人要永远当成生命里的贵人。若是你怠慢了落魄时给你帮助的人，那么就等于失去了真正把你放在心上的朋友。

唐朝名将薛仁贵，在当上大将军之前是一个非常穷困潦倒的人，他家境贫寒，以种田为业。

结婚之后，薛仁贵的生活更加艰苦，靠种地得来的粮食勉强能维持温饱，因此只能住在破旧的窑洞里。

有一年冬天，窑洞里很冷，家中存粮也不多，夫妻两人饿了好几天。

王茂生与薛仁贵是同乡，同时也是年少时的好朋友，当他看到薛仁贵挨饿时,同样贫寒的王茂生将家中仅剩的粮食拿给了薛仁贵。

薛仁贵虽然贫寒,但自幼臂力惊人,又十分刻苦练武,于是在李世民御驾亲征辽东时,他的妻子与王茂生都觉得这是薛仁贵的机会,极力劝说薛仁贵去投军。

后来,薛仁贵在军中屡立功勋,很快就当上了大将军。

当上大将军后,很多人纷纷给薛仁贵送上贺礼,但都被薛仁贵拒之门外,唯独收下了远在千里之外的好友王茂生送来的美酒两坛。

薛仁贵让下人打开坛子,却发现其中全是清水,但薛仁贵还是很高兴地喝了三碗。

倘若没有王茂生的帮助,薛仁贵就不会有如此成就,王茂生从心底希望薛仁贵过得好,因此宁愿自己挨饿也不让薛仁贵挨饿。薛仁贵功成名就后也没有因为身份和王茂生生疏,这才是真正的君子之交。

小人之交,功利心太强

人际交往中,小人主动与你交往并不是发自内心的,而是想利用你,想从你身上获得价值,他们与人交往有很强的功利心。

小人的算盘打得很清楚,与人交往他们处处想着算计,当你拿出真心的时候,他们却想着怎么从你身上占便宜。

永远不要和小人讲感情,因为他们是最没有感情的,在他们的眼里利益大过天,他们见利忘义,为了利益会出卖你。

我们这一生,朋友在精不在多,如果身边多是注重利益的小人,那么宁愿得罪对方也要早点离开,只有这样才能走好未来的路。

若对方是君子,那就用心与之相交,不要让对方寒了心,唯有如此,这段情谊才会更加长久。

第六节

事以密成，言以泄败

《韩非子·说难》有云："夫事以密成，语以泄败。未必其身泄之也，而语及所匿之事，如此者身危。"

简单来说，我们在做事的时候要谨言慎行，不要逞一时口舌之快，事情没有做成之前，不要到处和别人说，因为好事往往一说就没了，坏事一说就发生了。

懂得事以密成、言以泄败的人是最明智的人，他们知道谋划一件事，知道的人越少越好，倘若知道的人多了，可能会给自己带来更大的阻力。

人活一世，要懂得保守秘密，这样别人才会更相信你，更愿意与你交往。

知事不言，是大智慧

一个未完成的计划是需要保护的，倘若在没有达成目标之前急于公开，那么失败的可能性会增大，甚至会影响你一生。

知事不要多言，因为你不知道别人是不是只和你说了，倘若别人只是和你说了，你又说出去了，那么别人便不会再信任你。

明朝天顺年间，徐有贞担任内阁首辅，在他担任内阁首辅时与宦官首领曹吉祥争斗不休。

刚开始，徐有贞凭着自己的权势和谋略，让曹吉祥手足无措，一直处于下风，但后来，曹吉祥和皇帝的一次家常谈话，却让徐有贞直接失宠了，自此一蹶不振。

在闲聊中，曹吉祥不经意地提起一件事，谁知皇帝非常在意，便问曹吉祥是怎么知道的。

面对皇帝的询问，曹吉祥直言这是徐有贞说出来的，不仅他知道，而且文武群臣几乎都知道了。听到曹吉祥这么说后，皇帝非常生气，因为这事他只和徐有贞谈起过，没有告诉过第三个人。

皇帝当时把这件事当成机密告诉徐有贞，不承想徐有贞竟然泄密了。因为这件事，皇帝不再信任徐有贞。不久，徐有贞被罢免，流放岭南。

如果当时徐有贞能做到不泄密，把和皇帝谈话的内容守口如瓶，那么就不会被曹吉祥抓到把柄，自然也就不会被流放了。

一个聪明的人自然会做到知事不言，就算别人问也会三缄其口，这才是处世的大智慧。

成大事，要守口如瓶

《史记》中有云："成大功者不谋于众。"

古往今来，但凡是成大事的人做事都守口如瓶，在没有做成之前，不会轻易说出去，他们知道一旦说出去了，事就成不了了。

被吴王夫差俘虏后，越王勾践不止一次想复仇，虽然他恨不得将夫差千刀万剐，但他知道自己当时并没有这个实力，所以他选择了忍辱负重，不让任何人知道自己的计划。

正是因为如此，他卧薪尝胆，终于一雪前耻，打败了夫差。

要是勾践早把自己的计划宣扬出来，那么夫差一定会杀了他，自然也就没有机会复仇了。

一个人要想成大事，就不要让别人知道你的计划，因为别人知道了对你一点好处也没有，还会影响你前进的步伐。

往后余生，愿我们每个人都能做一个保守秘密的人，不该说的千万不要说，不要让任何人知道自己的底牌，倘若做到了，何愁不会有一个好的未来？